权威推荐

现代养殖实用技术

孙 莉 夏风竹 编著

权威专家联合强力推荐　　专业·权威·实用

本书对家禽、牛羊、水产以及其他经济动物的现代养殖技术
进行了概括性、针对性的阐述，帮助您全面了解现代养殖的实用技术，
帮助您确定适合自己的养殖方向。一书在手，发家致富全都有。

河北科学技术出版社

图书在版编目(CIP)数据

现代养殖实用技术 / 孙莉, 夏风竹编著. -- 石家庄
: 河北科学技术出版社, 2013.12(2023.1重印)
ISBN 978-7-5375-6526-4

Ⅰ. ①现… Ⅱ. ①孙… ②夏… Ⅲ. ①养殖-农业技
术 Ⅳ. ①S8

中国版本图书馆 CIP 数据核字(2013)第 269000 号

现代养殖实用技术

孙　莉　夏风竹　编著

出版发行	河北科学技术出版社	
地　　址	石家庄市友谊北大街 330 号(邮编:050061)	
印　　刷	三河市南阳印刷有限公司	
开　　本	910×1280　1/32	
印　　张	7	
字　　数	140 千	
版　　次	2014 年 2 月第 1 版	
	2023 年 1 月第 2 次印刷	
定　　价	25.80 元	

$\mathbf{P}$reface ☞ 序

推进社会主义新农村建设，是统筹城乡发展、构建和谐社会的重要部署，是加强农业生产、繁荣农村经济、富裕农民的重大举措。

那么，如何推进社会主义新农村建设？科技兴农是关键。现阶段，随着市场经济的发展和党的各项惠农政策的实施，广大农民的科技意识进一步增强，农民学科技、用科技的积极性空前高涨，科技致富已经成为我国农村发展的一种必然趋势。

当前科技发展日新月异，各项技术发展均取得了一定成绩，但因为技术复杂，又缺少管理人才和资金的投入等因素，致使许多农民朋友未能很好地掌握利用各种资源和技术，针对这种现状，多名专家精心编写了这套系列图书，为农民朋友们提供科学、先进、全面、实用、简易的致富新技术，让他们一看就懂，一学就会。

本系列图书内容丰富、技术先进，着重介绍了种植、养殖、职业技能中的主要管理环节、关键性技术和经验方法。本系列图书贴近农业生产、贴近农村生活、贴近农民需要，全面、系统、分类阐述农业先进实用技术，是广大农民朋友脱贫致富的好帮手！

中国农业大学教授、农业规划科学研究所所长
设施农业研究中心主任 张天柱

2013年11月

Foreword ☞ 前言

  农业是国民经济的基础，是国家稳定的基石。党中央和国务院一贯重视农业的发展，把农业放在经济工作的首位。而发展农业生产，繁荣农村经济，必须依靠科技进步。为此，我们编写了这套系列图书，帮助农民发家致富，为科技兴农再做贡献。

  本系列图书涵盖了种植业、养殖业、加工和服务业，门类齐全，技术方法先进，专业知识权威，既有种植、养殖新技术，又有致富新门路、职业技能训练等方方面面，科学性与实用性相结合，可操作性强，图文并茂，让农民朋友们轻轻松松地奔向致富路；同时培养造就有文化、懂技术、会经营的新型农民，增加农民收入，提升农民综合素质，推进社会主义新农村建设。

  本系列图书的出版得到了中国农业产业经济发展协会高级顾问祁荣祥将军，中国农业大学教授、农业规划科学研究所所长、设施农业研究中心主任张天柱，中国农业大学动物科技学院教授、国家资深畜牧专家曹兵海，农业部课题专家组首席专家、内蒙古农业大学科技产业处处长张海明，山东农业大学林学院院长牟志美，中国农业大学副教授、团中央青农部农业专家张浩等有关领导、专家的热忱帮助，在此谨表谢意！

  在本系列图书编写过程中，我们参考和引用了一些专家的文献资料，由于种种原因，未能与原作者取得联系，在此谨致深深的歉意。敬请原作者见到本书后及时与我们联系（联系邮箱：tengfeiwenhua@ sina. com），以便我们按国家有关规定支付稿酬并赠送样书。

  由于我们水平所限，书中难免有不妥或错误之处，敬请读者朋友们指正！

编 者

CONTENTS
》》 目 录

第三章 养羊实用技术

第四章 养牛实用技术

第五章 家禽类的养殖

第六章 水产类的养殖

第七章　特种经济动物的养殖

第一章
现代养殖概述

第一节 现代养殖业发展现状 〉〉〉

随着改革开放，中国养殖业不管是畜禽饲养量还是畜牧业产品产量以及人均占有量都有了稳定的发展。特别是近些年来，随着强农惠农政策的实施，养殖业发展势头加快，畜牧业的生产方式开始向规模化、产业化、标准化以及区域化发展。据调查，目前养殖业产值已占中国农业总产值的 34%，从事养殖业生产的劳动力有 1 亿多人，在养殖业发达地区，仅养殖业收入占据农民总收入的比例就超过了 40%。我国养殖业的发展，保障了城乡食品价格稳定，促进了农民增收。许多地方的养殖业已经成为农村经济的支柱产业，成为增加农民收益的主要手段。随着养殖业中的一部分优秀品牌的出现，现代养殖业获得了长足的发展。

养殖业的发展对于建设现代农业、促进农民增收和加快社会主义新农村建设、提高人民群众的生活水平起着十分重要的作用。然而，随着养殖业的发展，一系列问题逐渐暴露出来。总的来看，中国的养殖业仍处在传统养殖方式与现代化养殖方式并存、传统养殖方式占重要位置的状况，品种杂乱、不成规模、散放散养、混放混养、人畜混居、粗放经营。与此同时，一些地方还存在着养殖业投入不足、养殖业生产和畜产品加工有隐患、影响畜产品质量安全的不稳定因素无法避免、生产条件以及饲养环境都不够先进、重大动物疫病的预防措施不够完善等问题，具体表现在以下几个方面。

（一）畜禽频发疾病增加了养殖风险

一直以来，我国畜禽养殖分布的范围主要在农村，并以散养为主；养殖群体文化层次不均衡，以农民为主，信息闭塞并缺乏专业指导，对于规范化、科学化养殖认识不足，饲养技术不高，畜禽疾病的预防、诊断以及控制都没有行之有效的方法或措施；畜禽生长环境较差，养殖密度过高，环境净化处理不当，导致大量的细菌、病毒、有害气体滋生，带来了极大的隐患，降低了农民养殖的积极性，严重阻碍了农业现代化的进程，是当前畜禽养殖发展迫切需要解决的问题，也是世界性的难题。

（二）畜产品频发质量问题

为了获得较高的利益，某些养殖户使用违法的养殖手段和方法生产出质量低劣甚至含毒的畜产品。在过去几年间，"瘦肉精""苏丹红"等事件接连曝光，这对城乡居民的身体健康以及消费心理带来了不良的影响。然而传统的养殖方式常使利润和道德法律产生冲突，加上养殖户高度分散，难于管理，不能保证上市畜产品符合无公害标准。

大量的分散饲养现象造成了交叉感染难以防治、动物疫病难以控制、公共卫生防疫和环境控制标准难以建立。

（三）科技水平有待提高

作为一个养殖大国，我国禽类存栏的数量达 40 亿只，位居世界之首，然而我国的养殖产品的出口贸易却非常萧条。2006 年数据显示我国活鸡、鸡肉、蛋类出口额仅占世界出口总额 60306 亿美元的 0.28%。即使这样，2007 年，我国动物性产品因抗生素残留超标问题被欧盟 27 个成员国及日、韩等国暂停进口动物源性产品，2008年和2009年形势虽有所改善，但是食品安全问题依然无法避免，现状不容忽视。如果这些问题得不到解决，我国农产品想要进入国际市场将会十分困难。因此，必须大力开发无公害食品、绿色食品，改变传统的养殖模式，提升养殖技术，使我国农产品的价格、质量安全具有竞争优势，只有做到这些，才能参与国际市场的竞争，使我国农产品扬长避短，抢占国际市场，促进出口创汇。

（四）传统养殖业恶化了农民生活环境

经济的发展、市场的增长需要农民由一家一户的养殖方式向规模化的商品经济转变。然而，在农民家庭养殖这一基本事实没有改变的情况下，畜禽规模的扩大意味着牲畜与人争空间，多数家庭养殖的环境无法综合治理，污水横流，蚊虫肆虐，粪便满地，臭气熏天，使农民生产和生活的环境严重恶化，影响了村容村貌。

（五）畜禽粪便处理不科学导致畜禽生病

畜禽粪便处理作为养殖过程中的一项高成本的工程，长期以来遭到了养殖户的忽视，然而随着社会经济的发展，人们对生活环境质量越来越关注，畜禽养殖污染成了社会热点问题，影响了养殖业的可持续发展。畜禽类粪便处理与空气质量息息相关。呼吸道疾病的发生和传播主要是因为粪便污染造成的空气污染，各种病原菌趁机滋生蔓延，并且依靠空气流动进行相互传播。随着养殖周期递增，空气污染愈来愈严重，环境渐渐恶化，导致呼吸道疾病传播快，控制难。由于传统的消毒方式不仅加大了工作量，而且不能使卫生死角里的病原菌得到根除，疾病控制达不到理想效果，还会因消毒药物的化学残留对圈舍造成二次污染。所以，粪便污染问题也变成了养殖户们极为棘手的问题。

（六）扩大生产规模和增加农民收入的约束

农村家庭养殖方式，不仅污染着农民的生产生活环境，还制约着生产规模的扩大。村民虽然可以忍受长年累月的不良气味和粪便污染，但由于市场需求的扩大和农民增收的需要，房前屋后的家庭养殖模式以及放养模式已不能适应当前经济形势，农民为了增加出栏量，提高收入，急切需要有足够的饲养场地扩大畜禽生产。

第二节 现代养殖业发展趋势 〉〉〉

（一）集约化养殖的发展和问题

和传统的散养方式相比，集约化养殖从环境控制、饲料营养、饲料转化率、遗传育种、生产效率、标准化生产、经营管理、规模效益、疫病防治等方面都具有较大的优势。随着经济发展，人民生活水平得到了提高，人民对畜产品的需求已成为食品需求的主要方面。由于集约养殖的显著效益和畜产品市场需求的扩大，养殖业正向集约化经营方向迅速发展，2005年，猪的集约化养殖占全球的52%，鸡的集约化养殖占全球的58%，其中亚洲的集约化养猪达到全球31%的份额。我国自"菜篮子"工程实施以来，养殖业的规模及产值均发生了很多的变化，很多城郊都建起了大中型的集约化的养殖场，集约化养殖迅速发展起来。大城市的养殖业集约化程度更深，根据资料显示，2006年，上海和北京两地的养殖业集约化规

5

模已经分别达到了 100% 和 90%。养殖业的集约化经营大大丰富了产品市场，提高了人们的生活水平，实现了畜禽养殖综合效益的明显提高，与此同时，畜禽养殖业集约化程度的提高也推进了农业、农村产业结构的调整，最大限度地实现了农村剩余劳动力的就地安置，为推动农民增收起到了显著作用，推动了新农村的发展与建设。

随着畜禽养殖集约化生产经营取得良好的经济效益，其弊端日渐显现出来，集约化养殖不仅造成严重的环境污染，还直接影响到居民生活质量与身体健康，而且也日益激化了养殖场和周边村民的矛盾，严重影响了社会的和谐。畜禽粪便不能得到充分利用是我国畜禽污染的主要原因。与小规模的畜禽养殖不同，大规模集约化养殖粪便排放多，运输成本高，加上集约化的养殖场基本位于城郊，与农牧脱节，大量的粪便不能在农业生产系统中被消化，粪便的资源化利用程度较低，造成严重的资源污染，污染类型主要是有机污染。据资料显示，我国目前仅畜禽的粪便 COD（化学需氧量）排放量就超过了居民生活污水和工业污水的排放量总和。2003 年国家环境保护总局在对全国 23 个省市进行的调查中发现，约有 90% 的集约化养殖场没有接受环境影响评价，超过 60% 的养殖场未施行必需的防治畜禽污染的措施。集约化养殖给城乡环境和城乡居民生活造成了不可忽视的威胁。随着城市发展以及人口的增长，部分养殖场渐渐和周边的城镇和居民融合到一起，甚至成为其中的一分子，形成了目前大中城市周围规模化畜禽养殖场比较集中的现状，增加了大中城市生态环境的污染，污水围绕城市以及城市为求发展不断驱赶养殖场的事件经常发生，严重影响了集约养殖业的可持续发展。

（二）循环经济模式的意义

循环经济指的是物质闭环流动型经济，在企业生产、资源投入、产品消费以及产品废弃的全过程中，把传统的依赖资源消耗的线形增长的经济方式，转变为依靠生态型资源循环扩大生产的经济方式。它是以高效、循环利用资源为目标，以再利用、资源化、减量化为原则，以物质闭路循环和能量梯次使用为特征，按照自然生态系统物质循环和能量流动方式运行的一种经济模式。该模式通过使资源得到高效、循环利用，运用生态学的相关规律改变人类的经济活动，实现污染物的低排放甚至零排放，保护环境，实现社会、经济与环境的可持续发展。循环经济将清洁生产与废弃物的综合利用融合，其本质上属于一种生态经济。循环经济模式以物质闭环流动为核心，运用生态学原理把经济活动重新构架组织成一个"资源—产品—再生资源"的循环利用模式，将废弃物排除、净化以及再利用的过程综合安排在一起，达到"最佳生产、最适消费、最少废弃"。循环经济以"减量化、再使用、再循环"作为社会的经济活动准则，提倡发展一种新型经济模式，最大程度上使资源以及能源的利用率得到提高，实现经济活动的生态化，达到消除环境污染、提高经济发展质量的目的。

农业循环经济以循环经济为理论指导，强调在农业生产活动中，将过去的从自然资源到农产品再到农业废弃物的物质单向流动组织成"自然资源—农产品—农业废弃物—再生资源"的物质循环利用模式，使所有的资源以及能源可以得到合理和持久的利用，以实现资源的充分利用，减少最终排放废物的量，防止环境污染。

在我国农业循环经济不断发展的背景下，我国已经建立了多种

发展模式，一些学者将这些发展模式分为区域循环模式（种植业与养殖业一体化发展模式）、能源综合利用模式（通过沼气联结的循环经济模式）、农业废弃物综合利用模式、绿色和有机农业模式以及生态养殖模式。

第二章
养猪实用技术

第一节 猪的优良品种 〉〉〉

（一）进口品种

1. 长白猪 长白猪的原产地在丹麦。该品种的猪全身长白色毛，体形像楔形，头小，前半身轻，后半身重，鼻梁长，耳朵向前伸，胸部宽深合适，腰背很长，腹部线条平而直，背部线条略微呈弓形，后部躯体丰满，乳头 7~8 对。经产母猪平均产崽 11 头，胴体瘦肉率 64% 左右，背膘较单薄。长白猪既可用作杂交配套生产商品猪体系中的父系，也可以用作母系。

长白猪

我国目前饲养的长白猪主要来自丹麦、英国、比利时。在养猪行业被叫作施格的猪种是从比利时引进的，它是由不同品种的长白猪杂交育成的。

2. 杜洛克 杜洛克的原产地在美国。该品种猪全身长棕红色或者红色毛，身体高大，结实而粗壮，头部比较小，面部微凹，耳中等大小，稍向前倾，耳尖稍弯曲，胸宽深，背腰略呈弓形，腹线平直，四肢发达。体躯的瘦肉率约为 65%，其母猪平均产崽约为 9 头，母性强，容易育成，产肉率高，成年后体重较大。在杂交生产中主要用作父系或父本。

（二）传统品种

1. 金华猪　金华猪的原产地在我国浙江省金华市，分布范围主要有义乌、东阳、永康、金华等地。金华猪具有性成熟早、繁殖力高、皮薄骨细、肉质好、适于腌制优质火腿等特点。

金华猪的体躯较小，耳朵下垂，中等大小，背部略微凹陷，腹部大而下垂，臀部略微倾斜。四肢细短，蹄坚实呈玉色。毛色以中间白、两头黑为特征，即头颈和臀尾部为黑皮黑毛，身体中间的毛为白色，因此又被称作"两头乌"或"金华两头乌猪"。金华猪头的类型分为3种，即寿字头、老鼠头和中间型。

2. 太湖猪　太湖猪的原产地在江苏以及浙江的太湖区域，其地方类型猪包括梅山、横径、枫泾、嘉兴黑以及二花脸。主要分布在长江下游，江苏、浙江和上海交界的太湖流域，故统称"太湖猪"。太湖猪是世界上繁殖能力最高、产崽数量最多的猪品种，该品种遗传基础广泛，内部类群结构丰富，且肌肉中脂肪较多，肉质较好。

（三）新培育品种

1. 苏太猪　苏太猪由老太湖猪作为母本，加入50%杜洛克猪的外血，经过性能测定、继代选育、横交固定、综合指数选择等技术措施，由苏州市太湖猪育种中心经过12

苏太猪

年 8 个月的精心培育而成，是国家级猪的新品种。该猪生长速度快，耐粗饲性能好，适应能力强，肉质鲜美，瘦肉率高，产崽多。苏太猪母性好，经产母猪平均产崽 14.45 头，达 90 千克日龄为 178.9 天，仅耗料 3.18 千克便可增重 1 千克，体躯瘦肉率可达 55.98%，和长白猪进行杂交育种后，其后代 164 日龄达 90 千克，瘦肉率 60% 以上，是目前生产三元瘦肉型商品猪理想的母本之一。

2. 三江白猪　三江白猪的产地位于我国东北三江平原，作为我国第一个瘦肉型猪品种，三江白猪由长白猪和东北民猪杂交培育而成，具有生长快、省料、抗寒、胴体瘦肉多、肉质良好等特点。

3. 湖北白猪　湖北白猪的原产地位于我国华中地区。该品种是由长白猪、大白猪以及本地通城猪、监利猪和荣昌猪杂交培育而成的瘦肉型猪品种。主要特点：胴体瘦肉率高、肉质好、繁殖能力高、生长速度快、抗长江中下游地区的夏季高温以及冬季湿冷气候。

第二节　猪场的科学设计　　　》》》

（一）场址的选择

1. 地形地势　猪场应该选择地势平坦、位置较高、背风向阳、排水性能好、干燥的地方。要求有足够的面积，场地四周开阔、形状整齐，建场时应考虑猪场以后的发展。

在山区建设猪场时，应该选择平坦坡地的向阳处。这种地方阳光充足，排水性能好，可以避免冬季寒风侵袭。切忌在山顶、坡底、谷地和风口等处建场，山坡的坡度以 1%~3% 为佳，最大坡度不能超过 5%，大坡度不方便饲养管理以及猪产品的运输。

平原地区建场，应选择地势稍高的地方。场地中部稍高，四周较平缓或向东南稍倾斜，以便获得充分的阳光，并且方便排水。地下水位一般要求比地表低约 2 米，最少要比建筑物的根基低 0.5 米以上。在靠近江河地区，场地应比涨水时的最高水位高 1~2 米，以免涨水时将猪场淹没。

潮湿而低洼的地方，尤其是沼泽地，周围的环境湿度较大，影响猪舍建立小气候，同时成为各种病原微生物和寄生虫的良好繁殖场所，容易使猪群患病，不宜建场。

2. 土质　不同的土质不仅影响建筑工程质量，同时会影响猪群健康、猪产品的交通运输以及猪饲料生产。在很多地方土质一般都不是猪场建筑要考虑的主要内容，因为其性质和特点在一定的区域内相对稳定，在施工与管理的过程中方便针对其缺陷进行弥补，然而，如果缺乏长远的考虑，忽视了土壤潜在的危险因素，也可能导致严重的问题，比如场地土壤的膨胀性、抗压能力很大程度地影响了猪场建筑物的利用年限，同时土壤中存在一些恶性的传染病原，严重危害猪群健康。因此，在选择场址时，对土壤的情况做一定的调查也是必要的，如果其他条件没有太大差异，则最好选择沙壤土而不是黏土，因为污水或者雨水能够轻易地渗入沙壤土，场区地面可以经常保持干燥。

优良的猪场场地，其土质应满足以下条件：

①土壤结构一致，压缩性小，有利于承受建筑物的重量。

②土壤的导热性能小，通透性能好，可维持场地的温度以及干燥条件，避免下雨天雨水淤积和道路泥泞难行。

③土壤没有受到病原体侵袭。

④土质肥沃，且不能缺乏或过多含有对猪群有影响的矿物质，以利于饲料生产和猪群健康。

在选择土壤类型时，以沙质土壤为佳。这类土壤抱团颗粒大，导热性能小，透水能力强。黏土、黄土团粒小、黏着力强、透水性差，且富含碳酸盐，雨天容易积水，冬季因含水量大而容易冻结，等春天回温后，容易造成地基变形，严重影响猪场建筑物的质量，可能使猪舍倒塌；另外，建于黏土、黄土中的地下供水和供热管道易受腐蚀，影响猪场水暖供给。

3. 水源　提供给猪场的水源主要有地下水以及地面水两种，无论是哪一种水源，都要求水量充足以及水质符合卫生要求。在水污染比较严重的今天，地面水的水质必须加以考虑，如果依靠自来水公司提供地面水，将会提高养猪的成本，降低收益，但猪场自己解决饮用水的问题，则应考虑水源净化消毒和水质监测等方面的投资。另一方面，如果考虑掘井开采地下水资源，就需要根据水源需求量挖掘水井，水井的数量取决于猪的需求量，因此就要对所需要的投资做出估算，以可能付出的投资和维持费用大小来作为选择何种水源的依据。如果采用冲洗用水与饮用水分别进行管理的方法，冲洗用水考虑的主要是用水量的问题，只需要简单的水质监测和一般的净化消毒处理即可大量使用地面水资源，节约用水的成本。

猪场的水源要求水量充足、水质优良，以便于猪群的饮用、洗涤，饲料的种植、绿化、防火，以及猪场工作人员的生活。管理水源时不仅要考虑当前的用量，还应考虑将来发展的需要。

地下水的水质最好，其次是江河水，最差的是池塘以及湖潭中的死水。在进行水源调查时，除注意水量，对地下水还应注意某些矿物质（如铁、铜、镁、碘、硒等）的含量是否缺乏或者过多。采用江、河、湖水的时候需要看上游水或者周围有没有病原和工业废水排放点等。

4. 位置 猪场应建在交通便利的地方，但要远离屠宰场、牲畜市场、畜产品加工厂以及交通要道。以上地方牲畜和人员流动性大，容易传染疾病，大型猪场应在交通干线 500 米、交通要道 200 米开外，距离居民区超过 1500 米；远离牛、羊场超过 2000 米；位于牲畜市场、畜产品加工厂以及屠宰场的上游、上风方向。中、小型猪场的上述距离可以小一些，但离交通干线不可以近于 100 米，距离牛、羊场不可近于 150 米，距离牲畜市场、畜产品加工厂以及屠宰场不小于 2000 米。专业养猪户的猪舍，距离住宅也应在 20 米以上。

(二) 场区规划

在猪场的规划过程中，需要根据当地的自然条件、社会条件以及自身经济条件进行科学、规范、经济的设计。猪场场地主要包括生活区、生产辅助区、生产区、隔离区、场内道路以及排水区、绿化区。场区应根据当地的风向以及猪场的地势进行有序安排，以便于防治疫病和安全生产。

1. 生活区 猪场的生活区有职工宿舍、食堂以及文化娱乐室。该区应建在地势高、上风向或者偏风向的猪场大门外面，同时其位置应便于与外界联系。

2. 生产辅助区 猪场的生产辅助区有接待室、办公室、饲料储存库、饲料加工调配车间、水电供应设施、车库、杂品库、消毒池、更衣消毒室和洗澡间等。该区与日常饲养工作关系十分密切，不可以距离生产区太远。

3. 生产区 猪场的生产区指的是各种猪舍以及猪的生产设备，属于猪场最主要的区域，应该严格控制外来车辆和人员进入。生产区内应将种猪、仔猪置于上风向和地势高处，分娩舍既要靠近妊娠舍，又应该在仔猪培育舍附近，育肥舍应建在下风向靠近围墙或者猪场门的位置。围墙外需要设置装猪台，售猪时经装猪台装车，避免装猪车辆进场。

4. 隔离区　猪场的隔离区主要是指隔离猪舍和兽医室、尸体处理以及剖检设施、粪便污水处理和贮存设备等。该区应尽量远离生产猪舍，设在整个猪场的下风或偏风方向、地势低处，以避免疫病的传播和环境的污染，这一区域应以环境保护和卫生防疫为重点。

(三) 猪场设计与建设

1. 地基与基础

(1) 地基　地基指的是承受建筑物的土壤层，分为天然地基(直接使用原来的土层)和人工地基(上层在施工前经过人工夯实或碾固等处理)两种。天然地基应压缩性小而均匀，一定程度上能承受压力；地基要求结构一致、抗冲刷能力强、没有侵蚀性的地下水、有一定的厚度、地下水位与地面的距离不少于2米。

猪舍和附属建筑物不算高层，因此对地基的压力不是很大，除了细沙、泥炭和淤泥，一般的土层都可以作为猪场的天然地基。对不能做天然地基的土层，应根据实际情况进行人工加固，以防建筑物的不规则下沉，否则既影响建筑的安全，又影响其使用寿命。

(2) 基础　基础的作用是承受猪舍自身的重量、屋顶积雪的重量以及墙壁、屋顶承受的风力，埋置基础的深度根据猪舍的总荷载力、地下水位及气候条件等确定。为防止地下水经过毛细管作用浸透墙壁，基础墙的顶部应建立防潮层。

(3) 墙脚　墙脚是墙壁与基础之间的过渡部分，一般高于室外地坪 30~40 厘米，同时比护坡顶点高 15 厘米以上，也要比室内地面高出约 12 厘米。为了防止地下水从基础的缝隙蔓延上升，使墙壁受潮，也为了防止屋檐降水的侵蚀，在墙脚应设置防潮层，并以水泥砂浆涂抹其上。常见的建筑防潮层的材料包括砖、片石以及混凝土。

（4）护坡（又称散水或排水台） 护坡是设在外墙四周的缓斜坡结构，底层系素土夯实，上面用碎石、卵石、砖、碎砖或者三合土铺成，之后用水泥做的泥浆抹不少于 10 厘米厚的面，宽度一般为 60 厘米，坡降为 1：4。其作用是防止地表水侵蚀基础和墙脚。

2. 墙壁 猪舍的墙壁可以维持舍内的温度与湿度，因此要求耐水、坚固、耐久、耐酸以及防火，同时方便清扫、消毒，同时应有良好的保温与隔热性能。猪舍主墙壁厚 25~30 厘米，隔墙厚 15 厘米。

3. 门、窗 猪舍的门必须具备结实、坚固、容易出入的优点。门的宽度为 1~1.5 米，高度约为 2.4 米。窗户主要用于采光和通风换气，同时还有围护作用。窗户的大小利用有效采光面积和舍内地面的面积之比进行计算，一般情况下，种猪舍为 1：（10~15），肥猪舍为 1：（12~15）。

4. 猪舍地面 地面既是猪生活的场所，又是猪频繁接触的地方，好的地面环境既能改善猪舍的卫生条件，也能增加猪舍的使用价值。

猪舍的地面应该满足以下条件：保温性能好、有弹性、不硬也不滑；有适当的坡度，以保证污水能顺利排出；坚固、平坦、无缝隙，能防止土层被污水污染；易于清扫和消毒，能够防潮，并且抵抗各种消毒药物的腐蚀。

在生产实践中，任何一种地面都很难同时符合上述要求，应根

据当地气候条件、经济条件以及饲养管理的特点，因地制宜地进行设计以及使用建筑材料。以下几种地面可供参考：

（1）土质地面 包括夯实黏土地面、夯实碎石黏土地面及三合土（黄土、煤渣、石灰三合一）地面。这种地面的优点是成本低、建造简单方便、保温性能好、不硬不滑、有一定弹性；缺点是不坚固、易吸潮、不便于清扫消毒、易被粪便污染，在潮湿和地下水位高的地方不宜采用。

（2）砖砌地面 如果施工技术比较好，砖砌地面可以变得坚固而不滑、平整不漏水、方便清洁和消毒、保温性能好；如果施工不好，砌砖缝隙容易漏水，导致地面受潮和受到污染。

（3）石板地面 坚固耐久，易于清扫和消毒，但太硬、很滑，且不保温。施工不当时，石缝间也容易透水，导致地面被污染和受潮，寒冷的地区不适合使用这种地面。

（4）混凝土地面 坚固耐用，耐酸碱、排水良好、建造容易、造价不高，在施工较好时，这种地面粗糙而不透水，因此受到广泛应用。不过混凝土地面弹性不大、不防潮、导热性强。

（5）木质地板 导热性弱，平整，硬度小而有弹性，易于清扫消毒，有益于猪群健康。不过木质地板不耐腐蚀，受潮后比较滑，而且成本很高。除了我国一些木材产量高的山区使用这种地板，其余地区使用不广泛。

（6）沥青地面 用粗沙、煤渣、沥青按照一定的比例加热拌匀后铺在地面上，用热烙铁压平后就成了沥青地面。这种地面除具有木质地面的优点，还具有坚固耐用和防潮、防腐的功能，是寒冷潮湿的地方比较理想的一种地面。不过这种地面成本高，施工措施复杂，如果施工不当，在夏季酷热地区，有可能熔化变形，因此目前使用不广泛。

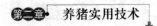

5. 屋顶　屋顶可以维持温度和遮风挡雨，具有保温、防水、耐久、承重、密闭以及结构轻便的性能。为了增加舍内的保温隔热效果，可增设天棚。

第三节 仔猪的饲养管理 >>>

（一）综合生理特性

刚刚出生的仔猪体重大约为 1 千克，差不多是成年猪体重的 1%，10 日龄的仔猪其体重大约是初生体重的 2.1 倍，30 日龄时可达初生体重的 5~6 倍，2 月龄时是初生体重的 10~15 倍。因此可推算，仔猪在出生很短的时间内，就可以迅速地生长发育。

仔猪生长发育快主要是因为其本身旺盛的营养物质代谢能力，尤其是钙、磷和蛋白质的代谢能力比成年猪还要强，如 20 日龄的仔猪蛋白质的沉积是成年猪的 30~35 倍，代谢能力是成年猪的 3 倍。正因为仔猪出生后营养代谢能力强，其对营养物质的要求也非常高，如果营养不全，仔猪反应也特别敏感。饲喂的蛋白质适量，饲喂哺乳仔猪 1 千克混合饲料能增加 1 千克体重。因此供给仔猪全价日粮非常重要。仔猪平均每千克体重需要比成年猪高 3 倍的代谢净能，猪体内含有的水分、蛋白质和矿物质的比例随年龄的增长而降低，而沉积脂肪的能力则随年龄的增长而增高。形成 1 千克蛋白质需要 23.63 兆焦能量，形成 1 千克脂肪差不多需要 39.33 兆焦能

仔猪

量，因此，形成蛋白质所需要的能量比形成脂肪所需能量约少40%。所以，小猪比大猪长得快，能更加有效地利用饲料。

（二）体温调节

越小的仔猪，其体温调节的能力越差。一般仔猪的体温约为39℃，刚出生时可适应30~32℃的环境温度，当环境温度偏低时仔猪体温开始下降，可下降到1~7℃。初生仔猪其体温下降的幅度及恢复时需要的时间因环境温度变化而变化，环境温度越低，体温下降的幅度越大，恢复到正常体温所用的时间越长。当环境温度低到一定范围时，仔猪会冻僵、昏迷，甚至被冻死。刚刚出生的仔猪皮薄、毛少、皮下脂肪少，因此无法抗寒。一般情况下，仔猪出生体重大，耐寒性就强；出生体重小，御寒能力就差。对于在早春或冬季出生的仔猪，做好防寒保温工作可以提高其成活率。

（三）饲养管理

仔猪的旺食阶段一般指的是断奶10天以后，消化机能恢复的时候，一般保持每栏仔猪量在 15 头以下。这时的仔猪在饲喂方面可以喂干粉料或颗粒料，让仔猪自由采食，不必限制采食量。

仔猪饲料箱中要保持充足的采食位，一般一个采食位配 4 头仔猪。饲料的质量要好，主要饲喂高能量、高蛋白质的饲料，饲料原料的质量要非常好，要新鲜，无发霉变质。在这一阶段，不应该一味地追求饲料的经济节约，不可吝啬饲料成本，不能饲喂青粗饲料。千万不要用吊架子的方法饲养断奶仔猪。饲料要少添勤给，确保饲料箱内的饲料是新鲜的，保障仔猪的饮水干净而充足。

有时仔猪栏内会出现个别弱小仔猪（被毛粗乱、体小瘦弱）。这些仔猪往往有病，如果放任不管，就会导致其变成僵猪，甚至死亡。这些患病仔猪也是疾病传染源的一种，最好能够及时地将病弱仔猪剔除，集中在一栏，单独饲喂，加强营养，饲料中可以添加药物，促进病弱仔猪的恢复和生长。

有时候可以看见仔猪出现咬尾的现象。出现咬尾的原因很多，缺乏矿物质、饲料营养的不平衡、环境的应激因素等都可能造成仔猪咬尾。如果出现普遍咬尾现象，需要认真地判断分析其中的原因。如果咬尾现象出现在个别猪栏中，可以拿走具有攻击性的仔猪，在被咬伤的仔猪的尾部涂上消毒药，以防感染；也可以在仔猪出生后施行断尾，防止仔猪咬尾。

第四节 成猪的饲养管理　　　　　　　　　>>>

1. 饲料调制　　猪场的饲料大部分消耗在肥育猪身上,合理地调制饲料可以提高饲料利用率,有助于节省饲料。饲料的原料,如谷物、饼粕类必须事先进行粉碎。粉碎过细或过粗都会对猪的生长有一定影响。如果粉碎过细,容易造成猪不愿采食,同时使猪的消化道产生溃疡;粉碎过粗,猪不能很好地消化,部分粗颗粒穿肠而过,浪费饲料,造成营养失衡。对肥育猪而言,最好的饲料粉碎粒度为700~800微米。麦麸和次粉一般会大于这个标准,但不需要粉碎,直接混合。混合均匀的饲料可以直接饲喂,即饲喂干粉料。

一般情况下,猪场常常用干粉料配合自由采食的方法饲喂猪。干粉料喂猪的优点是成本低、省力,缺点是易起粉尘,猪可能挑食(当饲料中配有大量粗饲料,或有很细的料面时)。家庭养猪或者小规模的猪场也可以采用湿拌料喂猪的方法,湿拌料的料水比例最好是1:(1~3),不要过稀。可以在喂猪之前用水浸湿几个小时,再分顿喂猪。如果饲喂合适,这种喂猪方法,其饲料利用率高于干粉料的饲喂。

大型饲料厂生产的颗粒饲料,饲喂简单,不起粉尘,猪不会挑食,饲料利用率一般也略高于干粉料,不过制粒的技术使饲料的成本增加。以前人们喂猪会使用发酵饲料,但没有控制的发酵会使饲料损失部分营养,现在一般不用。至于饲料生喂还是熟喂的问题,一般情况下应当生喂，除了有些饲料（泔水、马铃薯、大豆等），其他没有必要煮熟。

2. **饮水充足** 水作为最重要的营养组成部分，一旦缺乏，就会影响猪的消化、吸收、排泄以及体温调节等一系列的代谢活动。因此，一定要保证水的供应。对猪饲喂干饲料和环境温度较高时，猪需水较多。

一般情况下，猪对水的需求量是对干饲料需求量的 4 倍，夏季可达到 5 倍。饮水设备包括饮水器和水槽。如用水槽给水，应保证水量充足、水干净。饮水槽在夏天易被猪当作澡盆用来降温，容易将水弄脏。饮水器相对来说更好一些，可以保证随时供应给猪洁净的水。不过要注意饮水器的流量，饮水器的流量应在每分钟 800 毫升以上，否则影响猪的生长。

3. **饲养技术** 瘦肉型的猪种有较高的瘦肉率，但是采食量比较低，一般不需要对其饲料进行限制。不过对瘦肉率较低的猪种，为了防止猪后期变肥，获得较瘦的胴体，有必要合理限饲。限饲的时机应选择猪的体重在 60 千克以后，比例控制在 20% 以内，如果限制饲料太多，就会影响饲料报酬。限制饲喂一般用湿拌料，分顿饲喂。应使每头猪同时有足够的采食空间，防止个别强者抢食过多，弱猪采食不上，导致猪长势不同。

4. **自由采食** 自由采食饲喂技术指的是将饲料放进饲料槽或者饲料箱中供猪随时采食。这种方法减轻了工作，节省了人力。肥猪腹部下垂，屠宰率高。所有的猪都能吃饱，肥猪大小均匀。自由采食方法多用于瘦肉型品种猪的饲养。

如果饲料的营养浓度较低，或者饲料的适口性较差，或者由于环境不好，导致猪的采食量较低，应该让猪自由采食。自由采食有时候会产生一定程度的饲料浪费现象，因此要注意不能让猪将饲料

拱出饲料箱。如果采用湿拌料，每天喂 3 顿，虽然不能做到自由采食，但可以让猪得到充分的采食。每顿供给猪约 15 分钟吃干净的饲料量，这样猪既能吃饱又不会剩料，不会造成饲料的浪费。

第五节　猪的疾病防治　　　　　　　　>>>

（一）猪口蹄疫

猪口蹄疫的传播很快，具有极强的传染性，容易感染和发病，可以引起仔猪大量死亡，导致严重的经济损失，在国际上被划分为一类烈性传染病。口蹄疫主要为接触性传播，也能通过空气进行传播。集约化猪场中一年四季都会发生猪口蹄疫，已经没有明显的季节之分。

1. 症状

①食欲不振，体温升高，口鼻、乳房、蹄下皮肤生出灰白、灰黄的水泡，从米粒大小长成蚕豆大小。

②水泡破皮后形成烂斑，在这期间若无细菌感染，经 1 周可康复。严重者蹄壳脱落。

2. 防治

①猪场内部封闭生产，制定各项防疫制度并严格执行，对外来人员的进入进行控制，定期进行灭鼠、灭蝇、灭虫工作，加强场内环境的消毒净化工作，防止外源病原侵入本场。

②对猪进行 O 型口蹄疫灭活疫苗肌肉注射，这种方式安全性高，有一定免疫效果。

（二）猪瘟

猪瘟又被称为烂肠瘟，是一种由猪瘟病毒引发的急性、热性和接触性传染病。不同品种、性别、年龄的猪都易感染，野猪也易感染，这种病不分季节。病猪具有传染性，通过消化道和呼吸道进行传播。猪瘟的病死率超过 90%，近年来以隐性以及慢性病例居多。

1. 症状　猪瘟的潜伏期在 5~10 天。

（1）急性　高温不退，精神极度沉郁，卧地不起，打寒战。除此之外，脓性眼屎，鼻、口、耳、四肢内侧以及腹下的皮肤都会出血或者出现紫斑，开始便秘，后出现腹泻。怀孕母猪可能发生流产，公猪包皮积尿。

（2）慢性　病程比较缓和，可拖到 20~30 天，甚至更长。体温不稳定，有时候高，有时候低，猪变得清瘦，贫血，便秘、腹泻交替，皮肤有紫斑和坏死痂块。

2. 预防

①对 20 日龄的仔猪进行第一次免疫，使用 4 头份剂量，60~65 日龄时进行第二次免疫，剂量 5 头份。

②提前免疫。使用 3 头份剂量，注射疫苗后 1.5~2 小时开始喂奶，60~65 日龄时进行第二次免疫，剂量 5 头份。

③对后备母猪在配种之前进行一次加强免疫，之后每年进行 1 次免疫，均使用 4~5 头份剂量。

（三）猪喘气病

猪喘气病是一种由霉形体引发的地方性、流行性肺炎。

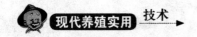

1. 症状

①体温不高，呼吸困难，张口喘气。

②猪发病初期会出现短声的咳嗽和喘气，尤其是早晨、傍晚、进食和运动的时候。

2. 防治

①热通静与呼畅通合用。

②克净沙和通通克混合使用。

③炎热双效与注射用硫酸卡那霉素合用。

④使用康泰克松。

⑤全感康与泰乐灵合用。

以上药物每天使用 1 次，连续使用 3~5 天，同时拌入泰力康、动宝康复、新喘舒平。

第三章

养羊实用技术

第一节 羊的优良品种 〉〉〉

1. 无角陶赛特 无角陶赛特的原产地在大洋洲的新西兰以及澳大利亚。1984 年，我国引进了该品种。无角陶赛特羊体质结实，头短而宽，光脸，羊毛覆盖至两眼连线，耳中等大，公、母羊均无角，脖颈和四肢粗短，胸部宽而深，腰背平而直，整个身躯像圆桶一样，后躯十分丰满，面部和四肢及被毛为白色。该羊生长发育快，早熟，全年发情配种产羔。该品种成年公羊体重 90~110 千克，成年母羊的体重约为 75 千克，可剪毛 2~3 千克，毛长 7.5~10 厘米，毛细度约为 57 支，净毛率 60% 左右。经过肥育的 4 月龄羔羊的胴体重，公羔为 22 千克，母羔为 19.7 千克。

2. 南江黄羊 南江黄羊的原产地在我国四川省南江县。该品种羊体格高大，生长速度快，繁殖能力强，可四季发情，泌乳力好，抗病力强，采食性好，耐粗放，适应力强，皮板品质好。成年公羊的体重为 57.3~58.5 千克，母羊的体重为 38.25~45.1 千克。10 月龄南江黄羊的体重约为 27.53 千克，是屠宰的最佳时间。这种羊性成熟早，3 月龄有初情。公羊 12~18 月龄配种，母羊 6~8 月龄可进行配种。大群的平均产羔率是 194.62%，其中经产母羊的产羔率可达 205.2%。

3. 槐山羊 槐山羊的主产地在河南周口地区。该品种羊体形

28

中等，包括有角和无角两种类型。公羊和母羊均有髯，身体结构匀称，呈圆筒形。毛色以白色为主，占 90% 左右，黑、青、花色一共约占 10%。有角类型的槐山羊的特征是腿短、颈短以及腰身短；无角类型的槐山羊的特征是颈长、腿长、腰身长。成年公羊体重 35千克，母羊 26 千克。羔羊生长发育快，9 月龄时体重占到成年时体重的 90%。7~10 月龄的羯羊屠宰前的平均活重约为 21.93 千克，胴体重 10.92 千克，净肉重 8.89 千克，屠宰率 49.8%，净肉率40.5%。槐山羊可以发展成为山羊肥羔生产品种。槐山羊的皮类似蛤蟆状，晚秋初冬时皮的质量最好，为"中毛白"。板皮肉面为浅黄色和棕黄色，油润光亮，有黑豆花纹，俗称"蜡黄板"或"豆茬板"。板质细密，毛孔均匀细小，分层很薄，但是不会破碎，折叠时没有白痕，具有较强的拉力却很柔软，韧性大而弹力高，是制作"锦羊革"和"苯胺革"的上等原料。槐山羊繁殖性能强，性成熟比较早，母羊 3 个多月便可成熟，6 月龄时就可以配种，全年都是发情期，一年产两次或者两年产三次，每胎多羔，产羔率平均为 249%。

4. 板角山羊　板角山羊是一种优良的兼用型品种，原产地在重庆山区，主要分布在重庆市的巫溪、城口、武隆及周边地区，因具有一对大而扁长的角而得名。板角山羊的头中等大，鼻梁平直，额稍微突起，体躯类似圆筒，体格高大，体质结实，四肢粗壮。成年板角山羊的体重平均是 40.6 千克，母羊为 30.5 千克。产肉性能良好，成年阉羊屠宰率达 55.6%。板皮致密，结实，很有弹性，可作为皮革制品的优质原料。产羔率达 183%，两月断奶的成活率是 87.9%。

5. 湖羊　湖羊是我国一级保护地方畜禽品种，属于太湖平原重要的家畜之一。该品种具有早熟、四季发情、多胎多羔、繁殖力强、泌乳性能好、生长发育快、有理想产肉性能、肉质好、耐高温高湿等特点，并有稀有的白色羔皮，分布于我国太湖地区，终年舍饲，是我国羔皮用绵羊品种。产后 1~2 天宰杀剥出的小湖羊皮的花纹美观大方，闻名于世。

6. 萨福克羊 萨福克羊的原产地在英国的东部以及南部丘陵地区，1978 年被引进我国。萨福克羊属于无角类型，耳较长，颈粗长，胸宽，背腰和臀部长宽平，肌肉丰富。体躯被毛白色，脸和四肢为黑色或者深棕色，被刺毛覆盖。体格高大，后部体躯发育丰满，呈桶形，公羊、母羊均无角。四肢粗壮。早熟，生长快，肉质好，繁殖率很高，适应能力很强。成年公羊的体重为 120~140 千克，成年母羊的体重为 70~90 千克，初生羔羊的体重为 4.5~6.0千克，断乳前日平均增重 330~400 克，4 月龄体重 47.5 千克，屠宰率 55%~60%。羊胴体内的脂肪含量不高，肉质鲜嫩，肌肉的横断面类似大理石花纹。周岁母羊开始配种，可全年发情配种，产羔率 130%~170%。公羊、母羊剪毛量分别是 5~6 千克以及 2.5~3 千克，毛约长 9 厘米，细度在 50~58 支，净毛率达 80%。该品种早熟，生长发育快，产肉性能好，母羊母性好，产羔率中等，在世界各国肉羊生产体系中常被当作经济杂交的终端父本用来生成羔羊。

7. 杜泊羊 杜泊羊的原产地在南非，该品种羊的头颈为黑色，四肢和体躯为白色，头的顶部平直、长度中等，额宽，鼻梁隆起，耳大稍垂，既不过短也不过宽。颈粗短，肩宽厚，背平直，肋骨拱圆，前胸比较丰满，后躯的肌肉很发达。四肢长度中等，肢势端正，强健有力。杜泊羊最大的优点就是经济早熟。中等以上营养条件下，羔羊初生重 4~5.5 千克，断奶重 34~45 千克；哺乳期羔羊平均每天体重增加 350~450 克；周岁的公羊体重为 80~85 千克，母羊的体重为 60~62 千克；成年公羊体重 100~120 千克，母羊 85~90 千克。杜泊羊以产肥羔肉而出名，肉质致密、色鲜、多汁，瘦肉率高，国际上将之称为"钻石级肉"。4 月龄羊羔的屠宰率为 51%，净肉率 45% 左右，肉骨比 9.1:1，料重比 1.8:1。公羊 5~6 月龄性成熟，母羊 5 月龄便可性成熟；公羊体成熟时期在 12~14 月龄，母羊体成熟时期在 8~10 月龄；发情期间受胎率大群初产母羊 58%，经产母羊 66%，两个发情期受胎率可达 98.4%；妊娠期平均约有 148.6 天，产羔率平均为 177%，杜泊羊可常年处于发情期，并具有良好的泌乳能力和保姆性能。

8. 波尔山羊 波尔山羊原产地在南非，是一种优良的肉用山羊。现已被非洲的许多国家以及澳大利亚、新西兰、德国、美国、加拿大等国引进作为种用羊。自 1995 年我国从德国引进波尔山羊以后，江苏、山东等地区先后引进了这种羊，并且通过纯繁扩群的方式逐渐向周围和全国各地扩展，显示出很好的肉用特征、广泛的适应性、较高的经济价值和显著的杂交优势。

9. 夏洛来羊 夏洛来羊的原产地在法国中部的夏洛来地区。该羊种毛为白色，公羊和母羊都无角，头部位置往往无毛，脸部皮肤呈粉红色或灰色，有的带有黑色斑点，两耳灵活会动，性情活泼。额头宽、两眼眶的距离较大，颈部粗短，耳大，肩宽平，胸宽而深，背部肌肉发达，肋部成拱圆形，体躯呈圆桶状，后躯宽大。两后肢距离大，肌肉发达，呈"u"字形，四肢较短，四肢的下部呈深浅不同的棕褐色。夏洛来羔羊生长速度快，平均每天可增重 300 克。4 月龄的育肥羔羊体重为 35~45 千克，6 月龄公羊体重为 48~53 千克，母羊 38~43 千克。周岁公羊的体重是 70~90 千克，

周岁母羊的体重是 50~70 千克。成年公羊的体重为 110~140 千克，成年母羊体重 80~100 千克。夏洛来羊 4~6 月龄羔羊的胴体重为 20~23 千克，屠宰率达 50%，肉质好，脂肪少，瘦肉率高。夏洛来羊属于季节性自然发情类型，发情时间集中在 9~10 月，平均受胎率为 95%，妊娠期 144~148 天。初产羔率 135%，3~5 产可达 190%。

第二节 羊舍的科学设计 〉〉〉

（一）羊舍设计的基本要点

设计羊舍时需要满足以下几个方面的基本要点：

①尽量满足羊对各种环境下卫生条件的要求，包括温度、湿度、空气质量、光照、地面硬度及导热性能等。科学的羊舍设计既要利于夏季的防暑，又要利于冬季的防寒，还要保持地面干燥，同时保证地面柔软和保暖。

②符合生产流程要求，有力地减轻管理强度和提高管理效率。也就是说，要能保障生产进行顺利以及养殖措施顺利实施。在设计羊舍的时候，应该考虑到羊群的组织、周转以及调整，草料的运输、分发和给饲，引水的供应及水质的卫生，还要考虑粪便的清理，以及称重、试情、配种、接羔、护理分娩母羊以及新生羔羊、防疫等。

③符合卫生防疫需要，要有力地预防疾病的传入和减少疾病的发生与传播。也就是说，通过羊舍的科学设计以及建造，为羊提供一个适宜的生活环境，从而为防止和减少疾病的发生建立一定的保障。同时，在进行羊舍的设计和建造时，还应考虑到防疫措施的实施问题，例如有害物质（塑料杂物、羊脱落的毛）的存放设施、消毒设施的设置等。

④结实牢固，造价低廉。也就是说，羊舍及其内部的一切设施都必须本着一劳永逸的原则进行建造和整修。尤其是隔栏、圈门、圈栏、饲槽等设施，更要修建得非常牢固，减少日后维修的麻烦。不仅如此，在进行羊舍修建的过程中还应尽量做到就地取材。例如建羊场、羊舍、羊圈的围墙时，由于某些地区砖石和水泥等建筑材料成本较高，因此可用坯砌、土打以及泥垛的方式降低成本，节约开支。

（二）羊舍建筑的基本要求及配套设施

羊比较抗寒冷、潮湿，怕热，喜欢游走，因此在建造羊舍的时候还要对主要的配套设施进行完善。

1. 基本要求

①选择地势较高，排水便利，遮风向阳，通风，较为干燥，靠近饲料地、牧地以及水源的地方。

②运动场面积不小于羊舍的 2 倍，羊舍的高度不低于 2.5 米。羊在舍内或栏内所占单位面积具体是：公羊占 1~1.5 平方米；母羊占 0.5~1 平方米；怀孕母羊和哺乳母羊为 1.5~2 平方米；幼龄公母羊和育成羊为 0.5~0.6 平方米。

③羊舍的地面、门窗以及通风设施要求保温、干燥、防潮、光

照充足，便于通风、饲养管理。大门宽度以 1.5~2 米为宜，分栏饲养的栏门宽度不低于 1.5 米，窗门距地面的高度为 1.5 米。楼式的羊舍中，使用木头和竹条铺设楼板，为了方便粪尿的下漏，条间距保持在 1~1.5 厘米。楼板距地面 1.5~2 米，以利通风、防潮、防腐、防虫和除粪。

2. 主要的配套设施

①干草房。干草房主要用于存贮用作越冬饲料的干草，空间设计大小可按照每只羊需 200 千克青干草进行计算。

②青贮和氨化设备。根据饲养规模来建立青贮窖和氨化池。要做到不漏水、不跑气。

③药浴池。为了防虫治虫，保障肉羊的正常生长和发育，一般需要建药浴池对肉羊进行药浴。

④饲槽和饲料架。饲槽用于补充精料和饲喂颗粒饲料，饲料架用于晾干青绿饲料。

第三节 羊的高效繁育 >>>

(一) 选种

只有不断地在育种过程中培育生产性能优良的种羊用以扩大繁殖，才能提高经济效益。由此看来，选种是实现选育的基础以及前提。

1. 选种的根据　选种在个体鉴定的基础上，根据羊的体形外貌、生产性能、后代品质、血统四个方面进行。

(1) 体形外貌　体形外貌在纯种繁育中非常重要，凡是不符合本品种特征的羊不适合用来选种。除此以外，体形也会影响生产性能，如果忽视了体形的作用，生产性能全部依靠实际的生产性能测定来完成，就会浪费时间。比如产肉性能、繁殖性能的某些方面，就可以用体形来选择。

(2) 生产性能　羊的生产性能指的是羊的体重、早熟性能、繁殖能力、泌乳能力、产毛量、屠宰率以及羔羊裘皮的品质。

羊的生产性能可以通过遗传传给后代，因此选择生产性能好的种羊是选育的关键环节。但是想要所选品种在各个方面都比其他的品种优秀，是不可能实现的，因此突出主要的优点即可。

(3) 后代品质　种羊本身具备优良的性能是选种的前提条件，但这仅仅是一个方面，比这更为重要的是其优良性状能否遗传给后代。如果种羊的优良性状不能遗传给后代，则不能继续作为种用。同时，在选种过程中，要不断地选留那些性能好的后代作为后备种羊。

（4）血统　血统指的是羊的系谱，一般依据血统来进行种羊的选择，血统不仅能提供有关种羊亲代的生产性能的资料，而且记载着羊只的血统来源，对正确地选择种羊很有帮助。

2. 选种的方法

（1）鉴定　选种需要建立在对羊只的鉴定的基础上。羊只的鉴定包括个体鉴定以及等级鉴定两方面，都按鉴定的项目和等级标准准确地确定等级。个体鉴定要有按项目进行的每一项的记载，等级鉴定时不需要进行具体的个体记录，只需要列出等级编号即可。需要个体鉴定的羊包括特级、一级公羊和其他各级种用公羊，准备出售的公羔和成年公羊，特级母羊以及被指定作为后裔测验的母羊和它的羔羊。排除需要做个体鉴定的羊，其余均需要做等级鉴定。等级标准可根据育种目标的要求制定。

羊的鉴定一般充分表现在体形外貌和生产性能方面。一般在公羊到了成年，母羊第一次产羔后对生产性能予以测定。为了培育优良羔羊，需要在羊初生期、断奶期、6月龄以及周岁的时候都做出鉴定，适合做裘皮的羔羊，需要在其羔皮和裘皮品质最好时进行鉴定。对后代的品质也要进行鉴定，主要通过各项生产性能测定来进行。选种的一项重要依据就是对后代品质的鉴定。只有后代符合标准，其母羊才能作为种用，凡是不符合要求的及时淘汰。除了对个体鉴定和后裔的测验，对种羊和后裔的适应能力、抗病能力等方面也需要进行相关考察。

（2）审查　通过审查血统，可以得出选择的种羊与祖先的血缘关系方面的结论。血统的审查需要有详细的记载，对所有自繁的种羊都需要做出详细的记载。在购买种羊的时候应该向出售单位和个人索取卡片资料，在缺少记载的情况下，只能以羊的个体鉴定作为羊选种的根据，不能审查血统。

（3）选留后备种羊 为了选种工作顺利进行，选留好后备种羊是非常必要的。后备种羊的选择应从以下几方面考虑。第一，选窝。选窝即看羊的祖先，观察优良的公母羊交配的后代，在全窝都发育良好的羔羊中选择。母羊需要第二胎以上的经产多羔羊。第二，选择个体。首先选择初生重以及各生长阶段都体尺好、增重快速、发情早的羔羊。第三，选择后代。观察种羊所产后代的生产性能，是不是将父母代的优良性能遗传了下来，如果没有这方面的遗传，就必须淘汰。

关于后备母羊的数量，应该多出需求量的 2~4 倍，而后备公羊的数量也要多于需求量，防止在育种过程中有不合格的羊不能种用而数量不足。

3. 选种标准 选种的标准应该根据育种的目标，在羊的外貌体形、体尺体重、生产性能、产肉率、产羊率、泌乳能力、早熟性能、裘皮性能、产毛性能方面进行。

（二）选配

选种只是对羊只的品质进行选择，对选择出的种羊需要通过选配的方式巩固选种的效果。因此，选配是选种的继续，是育种工作中的重要方面。

1. 选配的原则

①选配应该紧密地和选种相结合，选种时需要考虑到选配的需要，为选配提供必要的相关资料；选配要配合选种，固定公母羊的优良性状，遗传给后代。

②要用最好的公羊选配最好的母羊，但要求公羊的品质和生产性能必须高于母羊，较差的母羊需要尽可能地和品质较好的公羊进行交配，可一定程度地改善其后代，一般情况下，二、三级公羊不能作为种用，不允许有相同缺点的公母羊进行选配。

③要想最好地扩大利用种公羊，必须进行后裔测验，在遗传性状没有证实之前，选配时可根据羊的体形外貌和生产性能进行。

④种羊的优劣需要根据后代的品质进行判断，因此需要进行详细而系统的记载。

2. 选配的方法

（1）同质选配　同质选配指的是含有相同生产特性或者优点的公母羊进行的选配，其目的在于巩固和提高共同的优点。同质选配能使后代保持和发展原有的特点，使遗传性趋向稳定。但是如果过分地关注同质选配的优点，容易导致个别方面发育过度，致使羊的体质变弱，生活能力降低。因此在繁育过程中的同质选配，可根据育种工作的实际需要而定。

（2）异质选配　异质选配指的是含有不同优点或者生产性状的公母羊进行的配种，或者好的种公羊与具有某些缺点的母羊相配种，其目的在于使其后代能结合双亲的优点，或者弥补母羊的一些缺点。这种选配方法，其优缺点在一定程度上和同质选配相反。

（3）个体选配　个体选配指的是在羊的个体鉴定的基础上进行选配。它主要是根据个体鉴定、血统、生产性能以及后代品质等方面决定进行交配的公母羊。对于一些完全符合育种标准、生产性能达到理想要求的优秀母羊，可以选择两个类型的公羊。一是同质选配，使其后代的优良品质更加理想而稳定；二是异质选配，可获取包含父母代羊只不同优良品质的后代。

（4）等级选配 是根据每一个等级母羊的综合特征选择公羊，以求获得共同优点，并对共同缺点进行改进。

（5）亲缘选配 亲缘选配指的是包含一定血缘关系的公母羊进行交配。亲缘选配的优点是可以稳定遗传性状，但是亲缘选配容易引起后代的生活能力降低，羔羊体质弱，体形变小，生产性能低。为了防止不良后果的发生，亲缘选配应该采取以下措施：一是进行严格的选择和淘汰。必须根据体质和外貌来选配，减轻不良后果。对通过亲缘选配生出的后代需要进行仔细鉴别，选择体质健壮而结实的个体继续作为种羊。对生活能力低，体质弱的个体应予以淘汰。二是血缘更新。把亲缘选配的后代和没有血缘关系，并在不同条件下培育的相同品种进行选配，可以得到生活能力强、生产性能优越的后代。

（三）纯种繁育

1. 品系繁育 羊的品系指的是某一品种内含有共同特点，相互之间有亲缘关系的个体组成的具有稳定的遗传性状的群体。

（1）建立基础群 建立基础群，一是按血缘关系组群，二是按性状组群。按血缘关系组群时，首先对羊进行系谱分析，了解公羊的后裔特点以后，选择优秀的公羊后裔建立基础群，不过后裔中不具备该品系特点的不应留在基础群。这种组群方法在遗传力低时采用。按性状组群时，主要是依据性状表现建立基础群。这种方法主

要是根据个体表现来组群。按性状组群在羊群的遗传力高的前提下采用。

（2）建立品系 基础群建立之后，一般把基础群封闭起来，只在基础群内选择公母羊进行交配，每代都按照品系特点进行选择，逐代淘汰不符合标准的个体。对优秀的公羊尽可能地扩大利用率，对品质较差的不配或少配。亲缘交配在品系形成中是不可缺少的，一般只做几代近交，之后再采用远交，待遗传性状稳定、特点突出之后才能确定纯种品系的育成。

2. 血液更新 血液的更新指的是把含有相同的生产性能和遗传性能，但是来源不接近的同一品系的种羊引进另外一个羊群。由于这样的公母羊属于同一品系，仍是纯正种繁育。

血液更新应该在以下几种情况下进行：

一是在一个羊群中或羊场中，由于羊的数量较少而存在近交产生不良后果。

二是新引进的品种因环境的改变，生产性能降低。

三是在羊群质量达到一定水平，生产性能及适应性等方面呈现停滞状态时。血液更新中，被引进的种羊具有优良的体质、生产性能以及适应能力。

（四）杂交改良

杂交方法包括导入杂交、级进杂交以及经济杂交。

1. 导入杂交 当某些缺点在本品种内的选育无法提高时可采用导入杂交的方法。导入杂交应该在生产方向相同的前提下进行。用于改良的品种和原品种的母羊进行一次杂交之后再进行 1~2 次回交，以获得含外血 1/8~1/4 的后代，用以进行自群繁育。导入杂交在养羊业中能否得到广泛的应用，很大程度上依靠于用于改良的品种的选择，杂交过程中的选取、选配以及羔羊的培育条件等方面。在导入杂交时，选择品种的个体很重要。因此要选择通过后裔测验以及具有优良的外貌、配种能力的公羊，同时为杂种羊创造出优越的饲养管理条件，并进行细致的选配。此外，还要加强原品种的选育工作，以保证供应好的回交种羊。

2. 级进杂交　级进杂交也叫改进杂交和吸收杂交。用于改良的公羊和当地的母羊进行杂交后，从第一代杂种开始，以后各代所产母羊，每代继续用原改良品种公羊选配，到3~5代后其杂种后代的生产性能差不多和改良品种的类似。杂交后代基本达到杂交目的以后，可以停止杂交。符合要求的杂种公母羊可以横交。

3. 经济杂交　经济杂交指的是使用两个品种中的一代杂种提供产品却不作为种用。一代杂种具有杂种优势，所以生活能力强，生长发育快，在肥羔肉生产中经济效益高。经济杂交的优点是第一代杂种的公羊羔生长速度快，可作为商品肉羊进行生产，而第一代杂种的母羊不仅可以作为肉羊，也可以作为种用提高生产性能。

（五）育种计划和记载

育种的工作需要系统而有计划地展开。关于育种计划，应该结合环境、饲养管理的条件以及市场需要而制订。要制定育种目标、引种、繁育、生产性能的测定等。同时，在育种的过程中做好记录，为育种提供有效的依据。

现代养殖实用技术

第四节　羊的饲养管理　　　〉〉〉

(一) 初生羔羊的饲养管理

羔羊的初生期指的是羔羊出生后 10 天内。初生期加强哺喂，可以提高羔羊的成活率，促进其日后健康生长。

1.防寒保暖　羔羊出生以后，先擦掉其口鼻上的黏液，再让母羊舔净羔羊全身，可在羔羊身上撒些玉米粉或者麦麸引诱母羊舔舐。产羔房的温度应保持在 8~10℃，羔羊舍的温度在 8℃ 以上。

2. 早吃初乳　初乳指的是母羊分娩后 1 周内分泌的乳汁，出生的羔羊需要尽快地吃到并且吃饱初乳。初乳中含有丰富的蛋白质（17%~23%）、脂肪（9%~16%）、矿物质等营养物质和抗体，可以增强羔羊的体质，帮助羔羊抵抗疾病。其中镁盐还能帮助羔羊肠胃蠕动，排出胎粪。

3. 安排好吃奶时间　在羔羊初生期内，母子同圈，羔羊可以自由地吃奶，基本上每隔 1~2 个小时就会吃 1 次奶。20 天以后吃奶次数减少到每隔 4 小时 1 次。若白天母羊被放出去活动，可将羔羊留在羊舍饲养，中午的时候让母羊回到羊舍喂羔羊 1 次奶，加上出牧以及归牧分别饲喂的 1 次，等于一天喂给羔羊 3 次奶。

4. 及早补饲　补饲可以帮助羔羊锻炼肠胃功能，使其尽快自由采食。在羔羊结束初生期 5~10 天时，就应该开始训练其吃草料。

羔羊喜食幼嫩的豆科干草或嫩枝叶，可在羊圈内安装羔羊补饲栏，食槽里放入切碎的幼嫩干草以及胡萝卜供羔羊采食。之后再用混合精料饲喂羔羊。羔羊达到 1 月龄起，除随母羊外出活动，每只每天补饲精料 25~50 克，食盐 1~2 克，骨粉 3~5 克，青干草任其自由采食。随着母羊泌乳的减少，羔羊 50 日龄以后进入增加饲料的阶段，对蛋白质的需要逐渐转入补喂的草料上，此时在日粮中应注意补加豆饼、鱼粉等优质蛋白质饲料，方便羔羊的快速生长以及增重。

5. 做好对奶和人工哺乳工作　在羔羊小于 1 月龄的时候，为了保证双羔和弱羔都能吃到奶，应该做好对奶工作，对于缺奶的羔羊和多胎羔羊，可进行人工哺乳。人工哺乳的羔羊也应吃过初乳。一般初生羔羊全天的喂奶量差不多是初生重量的 1/5，之后每两周增加前一次饲喂量的 1/4~1/3。每天哺乳的次数和时间也要固定。10 日龄内日喂 10 次，10~20 天日喂 4~5 次，20 天后日喂 3 次，4~5 周龄的时候停止饲喂代乳品，这时候不能改变之前的补饲方法以及日粮的类型，更不适合更换圈舍，因为羔羊已熟悉周围的环境。停喂 1 周后，要增加放牧，减少应激。

6. 人工哺乳注意事项

一是不要急躁。羔羊最开始是不会喝奶的，应该对其进行训练，让它慢慢地习惯。不能急躁，不要强迫其硬喝，否则，会使羔羊把奶呛入气管，造成异物性肺炎而导致羔羊死亡。

二是哺喂的时间、奶量一定。每天喂奶的时间、喂量以及奶的温度都要相对稳定，不可以让羔羊饥一顿、饱一顿。奶的温度要保持在 38~42℃，若奶温太低，会使羔羊食后拉稀，最好在挤奶后立即饲喂。初乳的饲喂量每天大约是羔羊体重的 1/5，饲料可以慢慢增加，从第 1 天的 0.6~0.7 千克，增加到第 6 天的 0.8~1.0 千克，每天哺喂 4~5 次。

三是注意喂奶时的卫生情况。用于喂奶的瓶子、盆以及橡皮奶头等每天在结束喂奶后都需要刷洗干净，晾干后再用。同时，要保持羊舍清洁卫生，防止潮湿，确保羔羊健壮生长。

7. 羔羊寄养　如果母羊死亡或者产乳少，可以给羔羊找乳母。找乳母应该选择自己羔羊死亡或者母性强，泌乳量大的母羊。母羊是靠嗅觉来认识羔羊的，所以在寄养时应在夜间将乳母的乳汁抹在寄养羔羊身上，或将羔羊的尿液抹在乳母的鼻端，使气味混淆，无法区别，然后将羔羊放入乳母栏中，这样进行 2~3 天，就算寄养完成。

（二）种公羊的饲养管理

种公羊的好坏对整个羊群的生产性能和品质高低起决定性作用。要想使种公羊常年保持良好的适合种用的身体状况，即体质结实、肢体健壮、精力充沛、膘情适中、性欲旺盛以及精液质量良好，就必须加强种公羊的科学化饲养管理。应使圈舍通风，干燥向阳。要使饲料营养价值高，有足量优质蛋白质、维生素 A、维生素 D 和矿物质。理想的粗饲料，鲜干草类有苜蓿、青燕麦草以及三叶草等；精料包括大麦、燕麦、黑豆、豌豆、高粱、玉米、麦麸等；多汁饲料有胡萝卜、甜菜和玉米青贮等。种公羊的饲养管理可分为非配种期和配种期。

1. 非配种期　在羊不需要配种的时期，在春、夏季主要是放牧，每天给羊饲喂 500 克混合精料，分 3~4 次完成；在冬季除放牧，一般每日需补混合精料 500 克，干草 3 千克，胡萝卜 0.5 千克，食盐 5~10 克，骨粉 5 克。

2. 配种期 在配种前一个半月，开始饲喂种公羊配种期的标准日粮，最初可按标准日粮的 60%~70% 逐渐加喂，直至全部变为配种期日粮。饲喂量为：混合精料 1.0~1.5 千克，胡萝卜、青贮料或其他多汁饲料 1~5 千克，优质青干草足量，动物性蛋白饲料鱼粉、牛奶和鸡蛋的投入量适中，每天每只羊饲喂骨肉粉 50~60 克。混合精料包括 50% 的谷物饲料，以玉米为主，2~3 种，如燕麦、大麦、黍米等能量饲料；占 40% 的豆饼以及豆类；占 10% 的麦麸皮。精料每天分两次饲喂。补饲干草时要用草架饲喂，精料和多汁料应放在料槽里饲喂。对于配种任务繁重的优秀种公羊，每天应补饲 1.5~2.0 千克的混合精料，并在日粮中增加部分动物性的蛋白质饲料，比如鱼粉、肉骨粉、鸡蛋等，用以保证种公羊的精液质量良好。

对配种期种公羊的饲养管理要做到认真、细致。要经常观察羊的采食，饮水，运动，粪、尿排泄等情况。保持饲料、饮水的清洁卫生。为确保公羊的精液品质、提高精子的活力，除了提供营养，还应该加强种公羊的运动，每天放牧或者让公羊运动 6 小时，同时对公羊应该单独放牧、圈养，不使其与母羊混群。放牧时应防止树桩划伤羊的阴囊。单栏圈养面积应为 1~1.2 平方米。青年公羊在 4~6 月龄性成熟，6~8 月龄体成熟，体成熟后方宜配种或采精。每天最好配种 1~2 次，旺季时可每天配种 3~4 次，不过如果公羊连续交配 2 天，应让其休息 1 天。对 1.5 岁左右的种公羊每天采精 1~2 次为宜，不要连续采精；成年公羊每天可采精 3~4 次，有时可达 5~6 次，两次采精之间应有 1~2 小时的间隔时间。采精比较频繁时，也要保证公羊每周休息 1~2 次，避免养分和体力消耗过

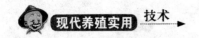

度导致身体状况下降。

(三) 母羊的饲养管理

1. 配种前的饲养管理　母羊配种前，应对其抓膘复壮，为配种妊娠准备好充足营养。在日粮配合方面，应以保证正常的新陈代谢为基础，对断奶后较瘦弱的母羊，还要适当增加营养，以达到复膘。溧水区种羊场饲养的波尔母羊以舍饲为主，干粗饲料如山芋藤、花生秸等任其自由采食，每天放牧约 4 个小时，这一时期，每天每只母羊应该另外补饲约 0.4 千克的混合精料。

2. 妊娠期的饲养管理　在妊娠的前 3 个月由于胎儿发育较慢，营养需要与空怀期基本相同。在妊娠的后 2 个月，由于胎儿发育比较快，胎儿 80% 的体重都在这两个月中生成，因此，这两个月应该保证充足、全价的营养，代谢水平应提高 15%～20%，钙、磷含量应增加 40%～50%，并要有足量的维生素 A 和维生素 D。溧水饲养的波尔羊妊娠前期的饲养方法基本同空怀期一样，妊娠后期，每天每只羊补充饲喂 0.6～0.8 千克混合饲料，以及 3～5 克骨粉，在母羊产前约 10 天时还需要喂一些多汁饲料。对怀孕母羊应加强管理，防拥挤，防跳沟，防惊群，防滑倒，日常活动要以"慢、稳"为主，不能使其吃霉变饲料和冰冻饲料，以防流产。

3. 哺乳期的饲养管理

①哺乳前期指的是母羊生产后的一个半月到 2 个月之间。刚刚生产的母羊体质虚弱，腹部虚空，体力和水分消耗量大，可饮淡盐水加适量麸皮。产羔 1～3 天内如果母羊膘情好，可以少喂精料甚至不喂，只喂适量青绿饲料，以防消化不良或乳房炎。

②哺乳后期指的是母羊产后 2 个月到羔羊断奶之间。羔羊出生

2 个月后，母羊的泌乳量减少，羔羊利用饲料的能力日渐增强，从以母乳为主的阶段过渡到以饲料为主的阶段。

（四）育成羊的饲养管理技术

育成羊指的是从断奶开始到第一次进行配种的公羊或者母羊，一般是 3~18 月龄的公羊、母羊，其特点是生长发育较快，营养物质需要量大，如果此期营养不良，就会显著影响到生长发育，从而长成个头小、体重轻、四肢高、胸窄、躯干浅的体形。同时还会使羊体质变弱、皮毛变稀而且品质降低、推迟性成熟以及体成熟、配种不规律，还会影响种羊生产性能，甚至使其失去种用价值。可以说育成羊是羊群的未来，其培育的质量如何是羊群面貌能否尽快转变的关键。

国内很多养羊户在饲养育成羊方面不够重视，认为育成羊不需要配种、怀羔、泌乳，因此在冬春季节不加补饲，使羊出现程度不同的发育受阻。冬羔比春羔在育成时期之所以表现更好，就是因为冬羔出生早，当年"靠青草生长"的时间长，体内有较多的营养储备。

1. 合理的饲喂方法和饲养方式　饲料的类型影响着育成羊的体形以及生长发育，要想成功地培育育成羊，需要优良的干草以及充足的运动。给育成羊饲喂大量优质的干草，不仅有利于促进消化器官的充分发育，而且培育的羊体格高大，乳房发育明显，产奶多。充足的阳光照射和充分的运动可使羊体格健壮，心肺发达，采食量大。如果饲料优质，那么可减少或者去掉精料，精料使用过量和运动不足会使羊容易肥胖，早熟早衰，利用年限短。

2. 育成羊的选种　要想提高羊群的质量，需要选择合适的育

成羊作为种羊。在生产过程中，需要经常对育成期的羊只进行挑选，把品种特性优良的、高产的、种用价值高的公羊和母羊选出来留作繁殖用，不符合要求的或使用不完的公羊则转为商品生产使用。生产中常用的选种方法是根据羊本身的外貌体形、生产性能进行挑选，并以系谱检查以及后代测定为辅。

3. 育成羊的培育　断乳以后，把羔羊按性别、大小、强弱分群，加强补饲，按饲养标准采取不同的饲养方案，每月进行体重抽检，以增重情况为基础进行饲养方案的调整。羔羊断奶后，在放牧阶段依然需要继续补喂精料，补饲量要根据牧草情况决定。刚离乳整群后的育成羊，正处在早期发育阶段，这一时期是育成羊生长发育最快的时期，这时候正是夏季的青草期。在青草期应该多饲喂营养丰富全面、利于羊体消化器官发育的青绿饲料，可以使羊具有个体大、身腰长、肌肉匀称、胸围大、肋骨之间距离较大、整个内脏器官发达等特征。因此夏季青草期应以放牧为主，并结合少量的补充饲养。在放牧的时候需要注意对头羊进行训练，控制好羊群，不能让其养成喜欢游走挑好草的不良习惯。放牧距离不可过远。在春季由舍饲向青草期过渡时，正值北方牧草返青时期，应控制育成羊跑青。放牧要采取先阴后阳（先吃枯草树叶后吃青草）的方式，控制游走，增加采草的时间。

在枯草期，尤其是第一个越冬期，育成羊还处于生长发育时期，而此时饲草干枯、营养品质低劣，加之冬季时间长、气候冷、风大，羊所消耗的能量较多，需要摄取大量的营养物质才能抵御寒冷，保证生长和发育，因此加强补饲十分重要。在枯草季节，除了照常放牧，还需要保证有足够的青干草和青贮料。精料的补饲量应视草场状况及补饲粗饲料情况而定，一般每天喂混合精料 0.2~0.5

千克。由于公羊一般生长发育快，需要营养多，所以公羊要比母羊饲喂的精料多，同时还要注意对育成羊补充矿物质和维生素，如钙、磷及维生素 A、维生素 D 等。

4. 加强检疫工作 检疫是"预防为主"方针中不可缺少的重要一环。通过检疫，可以及时发现疫病，及时采取相关防治措施，进行就地控制以及扑灭。检疫指的是对羊群进行定期的健康检查以及抽检化验，及时发现病羊，为防止病羊把疾病传染给健康羊，要及时将病羊隔离，单独关养，进行治疗。坚持自繁自养原则，确需引进种羊时，必须从非疫区购入，并经当地动物防疫监督部门检疫合格后，在进场时再经过本场兽医的验证、检疫以及隔离观察，1个月以后再给健康的羊只驱虫、消毒、补苗后，方可混群饲养。

第五节 羊的疾病防治 〉〉〉

（一）羊传染性脓疱病

羊的传染性脓疱病，又叫羊的传染性脓包性皮炎，一般被称作羊口疮。该病是因口疮病毒引发的山羊和绵羊的一种急性、接触性传染病。其特征是患羊口唇等处皮肤和黏膜形成红斑、丘疹、溃疡、脓疱以及结成疣状厚痂。该病在世界各地都有发生，我国西北以及北方养羊区也常发生，羔羊最容易感染，大多是群发。

1. 症状 该病的潜伏期一般是 2~3 天，临床症状分为唇型、

羊传染性脓疱病

蹄型以及外阴型三种类型，偶尔会出现混合型。

2. 防治

（1）预防　严格控制畜产品的进出口，不能在发病区购买畜产品或者引进种羊；如果必须从情况不明，特别是可疑的地方引进羊只，必须加强检疫，并隔离观察 2~3 周，同时应将蹄部彻底清洗和多次消毒后方可合群。加强羊只的护养管理，防止皮肤、黏膜发生外伤。尤其注意羔羊的口腔黏膜比较娇嫩，在出牙过程中，容易出现外伤，应当排除饲料和垫草中的芒刺和坚硬物。可适当加喂食盐，减少羊只啃土啃墙，防止发生外伤。发病后，及时隔离病羊进行治疗，并经常对其体表和蹄部清洗、消毒。对被污染的垫草、草料应烧毁，对圈舍、用具需要进行彻底的消毒。

必要时可用羊口疮冻干疫苗进行预防。先用生理盐水将羊口疮冻干疫苗稀释，无论羊只年龄大小，在口唇黏膜注射 0.2 毫升。该疫苗一般无不良反应，免疫期为 5 个月。

（2）治疗　先用水杨酸软膏软化患病羊患部的痂垢并去除，之后使用 0.1%~0.2% 的高锰酸钾溶液冲洗创面或用浸有 5% 硫酸铜的棉球擦掉溃疡面上的污垢，再涂以 2% 龙胆紫、碘甘油、土霉素、红霉素等抗生素软膏，每天 1~2 次。蹄部病患可将蹄部放进 3%~10% 的福尔马林溶液进行浸泡，1~2 分钟后取出，连续浸泡 3 次。也可以在第 2 天使用 3% 龙胆紫溶液、1% 苦味酸或土霉素软膏涂抹患处。对严重继发感染病羊可内服或注射磺胺类药物或抗病毒类药

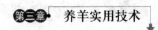

物进行对症治疗，一般能治愈，预后良好。

（二）羊痘病

羊痘病是由痘病毒引发的一种热性、急性以及接触性传染病。

1. 症状　羊痘病特征是在皮肤与某些部位的黏膜发生丘疹和水泡。痘病最常发生于绵羊、山羊。本病发生后，羔羊最易感染，病情严重。病羊表现食欲不振，体温升高至 41~42℃，脉搏、呼吸变快，羊的眼睑肿胀，眼结膜流泪而充血，出现脓性鼻漏，在眼部的四周，以及鼻部、唇部、乳房、外生殖器、尾内侧和四肢内侧等毛稀部位发生痘疹，痘疹最初是圆形的红色点，经 1~2 天发展为豌豆大的硬固且凸出于皮肤表面的红色结节，称为丘疹，丘疹很快增大，以后表面变成灰白色的水泡，2~3 天后变成脓包，周围皮肤红肿。脓包干涸结痂，脱落后留下灰褐色的瘢痕，如果发生感染，恶性经过成脓毒败血症而死亡。特别是羔羊，可继发肺炎、胃肠炎和病毒败血症而死亡。耐过本病的羊，终生不再得此病。

2. 防治　该病是由病毒引起的，主要的应对措施是防疫。应该加强饲养管理，帮助羊增强抵抗力，同时不能从疫区购买羊和畜产品，还应及早注射羊痘弱毒疫苗，免疫期为一年至一年半。为防止继发感染，可对症治疗：黏膜病灶用 0.1% 高锰酸钾溶液冲洗后涂上碘甘油，皮肤病灶可涂碘酒，也可以涂上红霉素软膏以及四环素。

（三）传染性胸膜炎

传染性胸膜炎俗称"烂肺病"。是由山羊支原体引起的山羊特有的接触性传染病，以高热、咳嗽、纤维蛋白渗出性肺炎和胸膜炎为特征。本病接触传染性很强，主要通过呼吸道传染，冬季以及早春枯草时节最容易发病，一些因素如缺乏营养、长途运输或者环境突变也容易诱发该病。

1. 症状　临床上主要表现为病初体温升高、呼吸困难、咳嗽，并流出浆液性带血鼻液、痛苦呻吟、眼睑肿胀、流泪或有脓性眼屎等。

2. 防治　平时应该加强羊的饲养管理，增强羊的体质，保证羊舍内冬暖夏凉。出现该病后首先应对病羊进行隔离，然后对被污染的圈舍、场地、用具进行彻底消毒，对病羊的粪便、垫草和病死羊严格无害化处理。"914"、土霉素等药物在此病的初期有一定的疗效，在病中、后期的治疗效果不是很明显。

第四章

养牛实用技术

第一节 牛的优良品种 >>>

(一) 国内优良品种

秦川牛

1. 秦川牛 秦川牛的原产地在陕西省关中地区,是我国著名的体形高大的地方役肉兼用型黄牛品种。该品种牛体格较高大,骨骼粗壮,肌理丰满,体质强壮,肉质鲜嫩,容易育肥,肉用性能好,瘦肉率高。

2. 鲁西牛 鲁西牛的原产地在山东省西部黄河故道以北、黄河以南以及运河以西的大部分地区,主产区在济宁、菏泽两地区。鲁西牛体格高大而略短,外形细致紧凑,骨骼细,肌肉发达。成年牛的平均屠宰率是 58.1%,净肉率是 50.7%,眼部肌肉的面积是 94.2 平方厘米。肉质细嫩良好,产肉率较高,肌纤维细,脂肪在肌纤维间分布均匀,呈明显的大理石花纹。母牛性成熟比较早,公牛在 1 岁左右开始性成熟。

3. 蒙古牛 蒙古牛的原产地在蒙古高地,主要分布范围是我国内蒙古自治区以及相邻的新疆、甘肃和宁夏等西北地区,华北地区的山西和河北,东北地区的辽宁、吉林和黑龙江等省份。蒙古牛的体格适中，体质粗糙而结实。因其肌肉不够丰满，所以其产肉性能不高。

（二）国外优良品种

1. 夏洛来牛 夏洛来牛的原产地在法国中西部到东南部之间的夏洛来以及涅夫勒地区。该品种因其体形高大、增重快、饲料报酬高，能生产大量脂肪含量少的优质肉而著称，并引起世界各国的重视，现已分布在世界

夏洛来牛

许多国家。1964 年，我国从法国引进了夏洛来牛，主要分布在东北、华北各省及江苏、安徽、湖北、陕西、宁夏、新疆等 13 个省份。夏洛来牛的体格高大，是大型的肉牛品种。

2. 西门塔尔牛 西门塔尔牛的原产地在瑞士西部的阿尔卑斯山区，主要分布在萨能平原以及西门塔尔平原。在法国、德国、奥地利等国边邻地区也有分布。西门塔尔牛占瑞士总头数的 50%，占奥地利总头数的 63%，占德国总头数的 39%。现有 30 多个国家饲养西门塔尔牛，总数超过 4000 万头，已成为世界上分布最广、数量最多的乳、肉、役兼用品种之一。目前，我国饲养的西门塔尔牛包括瑞系、苏系、加系、德系、法系以及奥系等，主要分布范围有内蒙古、黑龙江、河北等 22 个省份。全国共有纯种西门塔尔牛 3 万余头，各代杂种牛近 1000 万头。

3. 安格斯牛 安格斯牛作为一种古老的小型肉牛品种，原产地在英国苏格兰北部的安格斯、阿伯丁以及金卡丁郡，并因地得

名。自 19 世纪开始向世界各地输出，现在世界主要养牛国家大多数都会饲养这种牛品种。安格斯牛现已成为美国、英国、新西兰、阿根廷以及加拿大等国家的主要牛品种之一，在美国的肉牛总头数中占 1/3。我国先后从英国、澳大利亚和加拿大等国引进该品种，现有的分布范围包括内蒙古、新疆、东北以及山东等北方省份。

4. 比利时蓝牛　比利时蓝牛的原产地在比利时的中北部，是由短角蓝花牛和弗里生牛经过长期地向肉用方向选择培育而成的一种比利时当代的肉牛品种，现有 150 万头，占全国牛总数的一半以上。现在已经分布到美国、德国、法国、英国、西班牙以及加拿大等 20 多个国家和地区。1996 年，我国引进该品种作为肉牛配套系的父系品种。

5. 婆罗门牛　婆罗门牛的原产地在美国西南部的海湾地区，是由美国培育出的一种能够适应热带、亚热带以及炎热干旱地带的瘤牛品种，也是目前世界上利用最多、分布最广的一个瘤牛品种，除了分布在美国，还分布在中美洲、南美洲以及印度和巴基斯坦等国。20 世纪 70 年代初，我国由尼克松总统赠送 1 头公牛，在 80 年代用婆罗门牛与闽南牛进行杂交。

第二节 牛场的规划建设 　　　　　　　 >>>

(一) 设计的原则

修建牛舍可以提供给牛一个适宜的生活环境，保证牛的身体健康以及生产的正常进行。为使用较少的饲料、资金、能源和劳力，获得更多的畜产品和较高的经济效益，在设计肉牛舍时应掌握以下原则：

(1) 合适的环境要求　为了给牛创建一个舒适的环境，使其生产潜力充分发挥出来，提高饲料利用率。一般情况下，家畜的生产力 20% 取决于品种，40% ~ 50% 取决于饲料，20% ~ 30% 取决于环境，例如，不适宜的环境温度可使家畜的生产性能下降 10% ~ 20%。因此牛场在设计时必须满足牛对各种环境因素的需求，包括对温度，湿度，光照，通风，空气中二氧化碳、硫化氢、氨含量的需求。

(2) 合理的生产工艺要求　生产工艺包括牛群的组成及其饲养方式、周转方式、草料的运送和贮备、粪的清理、污物的放置、饮水、采精、配种、疾病防治、生产护理、测量、称重等。在进行养牛场的建筑设计时，必须满足生产工艺要求，以使生产能够顺利地进行，使畜牧兽医技术措施顺利地实施，否则会给生产造成不便，降低生产效率。

（3）严格的卫生防疫要求 流行性疾病是养牛场最大的威胁，牛场的建筑设计必须符合卫生防疫的要求，减少或者防止外界疫病传入以及牛场内疫病的传播、扩散，方便兽医工作者的操作和防疫制度的执行。

（4）安全要求 牛场建筑要坚固、牢靠，做到防火、防灾、防盗。地面处理要合理，必须防滑，平整，不能有尖突物，以保障牛的安全。

（5）经济要求 在满足以上要求的基础上，牛场的建设还要做到低造价，降低建设成本，减少维修费用。因此，在牛场场址选定后要尽可能地利用自然条件，如地势、地形、风向、光照条件等，选取建筑材料时最好能做到就地取材、因地制宜，设计要求简便，容易操作。

（二）场区的规划

牛场场区规划应本着因地制宜和科学饲养的要求，合理布局，统筹安排。一般牛场按功能分为四个区，即生产区、粪尿污水处理和病畜管理区、管理区、职工生活区。分区规划首先从保证人和牲畜身体健康的方面考虑，在区间内建立起最合适的生产联系以及卫生防疫条件，考虑地势和主风方向进行合理分区。

（1）职工生活区 职工生活区（包括居民点）应建在全场上风和地势较高的地段，分为生产管理区和饲养生产区。这样的布局可以让牛场中的不良气味、粪便、噪声以及污水，不会因为风向与地表径流而污染居民生活环境，避免人畜共患疾病。

（2）管理区 包括与经营管理、运输产品加工销售有关的建筑物。在规划管理区时，应有效利用原来的运输道路以及输电线路，充分考虑到饲料、生产资料供应以及产品销售等问题。牛场如果有加工项目时，应独立组成加工生产区，不应设在饲料生产区内。汽车库应设在管理区。除饲料以外，其他仓库也应设在管理区。管理区与生产区应加以隔离，保证50米以上距离，外来人员不能在管理区以外的地方活动，场外运输车辆禁止进生产区。

（3）饲养生产区　饲养生产区是牛场的核心，对生产区的布局应给予全面细致的考虑。牛场经营如果是单一或专业化生产，饲料、牛舍以及附属设施也就比较单一。在饲养过程中，应该从牛的生理特点出发，采取分舍饲养的方法，并且按群设立运动场。和饲料运输相关的建筑物，原则上应规划在地势较高处，并应保证防疫卫生安全。

（4）粪尿污水处理、病畜管理区　设在生产区下风地势处，与生产区保持300米的卫生距离。病牛区应该方便隔离、消毒以及污物的处理，具备单独的通道，并能防止污水、粪尿和废弃物蔓延污染环境。

（三）牛舍的建设

1. 选址的原则　牛场场址的选择要有周密的考虑和比较长远的规划，必须与农牧业发展规划、农田的基本建设规划及以后修建住宅的规划相结合，必须满足现代化养牛的需求。选用场址时应观注的因素包括以下几个方面：

（1）地势　牛舍应高燥、背风向阳，地下水位在2米以下，北高南低、总体平坦，绝不可建在低洼或低风口处，以免排水困难、汛期积水及冬季防寒困难。

（2）地形　地形应该整齐开阔，最好是正方形或者长方形，不要选择多边形或者狭长的地形。

（3）水源　要有充足的符合卫生要求的水源，取用方便，保证

生产、生活及人畜饮水。水质良好，不含毒物，确保人畜安全和健康。

（4）土质 最好选择沙壤土，其次是沙土，黏土最不合适。沙壤土的土质松软，透水，抗压，吸湿性、导热性小。沙壤土上的雨水、尿液不易积聚，雨后没有硬结，有利于保持牛舍及运动场的清洁与干燥，有利于防止蹄病及其他疾病的发生。

（5）气候 对当地的气候因素需要综合考虑，包括最高温度、湿度、主风向、风力以及年降水量，以便选择最有利的地势。

（6）社会联系 应便于防疫，距村庄居民点500米下风处，距主要交通要道如公路、铁路500米，距化工厂、畜产品加工厂等1500米以上，交通供电方便，周围饲料资源尤其是粗饲料的资源丰富，并且尽量地远离相同规模的饲养场，防止原料竞争。满足卫生防疫要求，没有传染源。

2. **建舍要求** 牛舍的建设要根据当地气温的变化以及牛场的生产、用途等因素确定。建造牛舍时不仅要考虑经济实用的原则，还应考虑符合卫生要求。如果有条件，可以建设质量好、耐用的牛舍。基本上牛舍应该坐北朝南，并且窗户也要满足足够的数量和大小，保证阳光充足、空气流通。牛舍的房顶要有一定的厚度，保证保温性能，牛舍内的各种设施都应该安置得科学合理，有利牛的生长发育。

（1）地基与墙体 地基基深8～100厘米，砖墙厚约24厘米，双坡式牛舍脊高4～5米，前后檐高1～3.5米。牛舍内墙的下部不要设置墙围，防止水汽渗入墙体，以提高墙的坚固和保温性能。

（2）门窗 门最好高约2.1米，宽2～2.5米。一般门要做成双开门，或者上下翻卷门。如果窗子采用封闭式，则应该大一些，宽高为1.5米×1.5米，窗台高度大约是1.2米。

（3）场地面积 牛的生产、牛场的管理、职工生活以及一些附属建筑都需要一定的空间。确定牛场大小时可以根据每头牛需要的面积结合长远的规划。牛舍和其他房舍的面积一般占场地总面积的15%~20%。不过，牛体的大小、生产目的以及饲养方式的不同导致每头牛占据的牛舍面积也不同。肥育牛每头所需要的面积为1.5~4.5平方米，有垫草的通栏肥育牛舍中每头牛占2~4.5平方米，有隔栏的通栏肥育牛舍中每头牛占1.5~2平方米。

（4）屋顶 最常用的就是双坡式屋顶。这种屋顶经济又保温，并且容易施工。

（5）牛床和饲槽 牛场一般会采用群饲通槽喂养的方式。牛床基本长1.5~1.8米，宽1~1.3米，坡度1.5%，槽端的位置略高。饲槽设置在牛床的前面，选用固定式水泥槽，上宽0.5~0.8米，下宽约0.4米，弧形，靠牛床的一侧边缘高约0.4米，靠近走道的一侧高约0.7米，为了方便操作，节约劳动力，饲槽的外缘最好和通道保持在同一水平面上。

（6）通道和粪尿沟 如果是对头式饲养的双列牛舍，应保证中间的通道宽为1.5~1.8米，通常要确保送料车能够通过。粪尿沟的宽度也要以能够使用常规铁锹为宜。

（四）牛场污染物的种类和危害

（1）尿和粪便 每只成年牛每天的排尿量是10~18千克，排粪量是30~35千克。

（2）污水 主要是由冲洗牛舍、清洗牛槽产生的，平均每头牛每天产污水30~40千克。

（3）废气 主要是二氧化碳与甲烷，除此以外还包括氨气、氮气以及硫化氢等，经过牛嗳气或由肠道排放。据农业部环境保护监

测所估测，1990 年我国家养反刍动物排放甲烷量为 567 万千克，并以 2.34% 的速度逐年递增。粪尿处理不当时也会产生带异味的废气。

（4）废弃物 除了垫草，还包括牛吃剩的草料废渣、草料袋、牛体排泄物以及医疗废弃物等。这里需要指出的是，体内排泄物往往不会引起人们注意。这些体内排泄物来自日粮设计不合理或人为添加过多蛋白质和磷，不仅造成浪费，而且排泄的氮、磷是污染物中对环境影响比较大的物质。

这些废弃物如果控制与处理不当，必然滋生蚊、蝇，散发异味，致使有害病原体扩散，污染环境，甚至侵蚀土壤，最终危害周围居民的身体健康。

第三节 牛的繁育技术 >>>

（一）母牛的发情

母牛发情指的是母牛的卵巢开始发育，排出正常成熟的卵子，同时母牛的生殖器官以及行为特征出现一系列变化的生理和行为学过程。

1. 初情期 母牛首次发情、排卵的时期被称为初情期。初情期的母牛虽然会表现出发情，但是不够完全，发情周期也往往不正常，其生殖器官仍在继续生长发育，虽已具有繁殖机能，但还达不到正常繁殖能力。牛的初情期一般为 6 ~ 12 月龄。初情期的早晚受遗传、体重、季节、营养水平以及环境等多方面的因素影响。

2. 性成熟期 性成熟期即母牛到一定年龄，生殖器官发育完全，具备了正常繁殖能力的时期。牛的性成熟期一般为 10 ~ 14 个月龄。但是处于性成熟期的母牛，身体尚未发育健全，这时候如果进行配种妊娠，不但会妨碍母牛的继续发育，还可能造成难产，同时也影响母牛的体重，故不宜在此时配种。

3. 发情持续期 发情持续期指的是母牛从开始发情到发情终止的一段时间。一般而言，成年母牛的发情持续期平均为 18 小时，范围在 6 ~ 36 小时；青年牛约为 15 小时，范围在 10 ~ 21 小时。发情持续期的长短受气候、年龄、营养状况、品种及使役轻重等因素的影响。在气温高的季节，母牛的发情持续期要短于其他季节。如果是炎热的夏天，母牛的卵巢黄体和肾上腺皮质部分都会分泌孕酮（黄体酮），孕酮或黄体生成素会缩短发情持续期。育成母牛发情持续期要比老龄母牛长，饲料不足的草原母牛的发情持续期要比农区饲养的母牛短，黄牛要比水牛短。

4. 发情周期 母牛性成熟以后，会受到内分泌的影响，其生殖器官逐渐发生周期性变化。发情开始到下一次发情开始的间隔时间为一个发情周期。如果母牛已怀孕，发情周期即中止，待产犊后间隔一定时间，重新恢复发情周期。成年母牛的发情周期平均为 21 天，范围在 18 ~ 24 天；青年母牛的发情周期短于经产母牛 1 ~ 2 天，平均为 21 天。

5. 繁殖机能停止期（绝情期） 母牛到年老时，繁殖机能逐渐衰退，继而停止发情，称为繁殖机能停止期。母牛停止发情的年龄因为品种、健康状况以及饲养管理技术的不同而略有差异。牛的绝情期差不多是 13 ~ 15 年（11 ~ 13 胎）。母牛丧失了繁殖能力，便

无饲养价值，应该淘汰。

（二）母牛的发情征状

1. 外部表现　在发情初期，母牛常表现出兴奋不安、反应敏感、哞叫以及不愿意让其他牛爬跨；在发情盛期时则接受爬跨，被爬跨时举尾，四肢站立不动；进入发情末期，母牛逐渐转入平静期，渐渐地不再接受爬跨。看外阴的变化：母牛发情时，阴户由微肿而逐渐肿大饱满，柔软而松弛；接着阴户的肿胀慢慢消退，缩小，显现皱纹。阴道黏膜以及子宫颈口也会有一些变化：发情初期阴道壁充血而潮红，有光泽；发情盛期子宫颈红润，颈口开张，约能容纳一个手指；发情末期阴道黏膜充血、潮红现象逐渐消退，子宫颈口慢慢闭合。看阴户流出黏液的变化：发情初期会排出像鸡蛋清一样清亮的黏液，但黏性差；发情盛期的母牛排出的黏液像玻璃棒状，具有高度的牵缕性，易黏着于尾根、臀端或后肢飞节处的被毛上。排卵前排出的黏液逐渐变白而浓厚黏稠，量也减少，牵缕性又变差。可用拇指和食指沾取少量黏液，若牵拉 5~7 次不会断（牵拉 5~7 厘米），即可证明此阶段的母牛即将排卵，可以在之后的 3~4 小时内进行输精，若牵拉 8 次以上不断则为时尚早，牵拉 3~5 次即断则为时已晚。看产奶量：大多数母牛在发情时，产奶量会有所下降。

2. 直肠检查　直肠检查通过触摸子宫和卵巢的方式鉴定。处于发情初期的母牛，在直肠检查时，其子宫变软，卵巢一侧增大，在卵巢上有卵泡，无弹性。此期维持 10 小时左右。发情中期的母牛在进行直肠检查时子宫松软，卵泡体积增大，直径 1~1.5 厘米，突出于卵巢表面，弹性强，有波动感。这一时期会维持 8~12 小时。处于发情末期的母牛，在直肠检查时，其子宫颈会变得松软，卵泡壁变薄，波动很明显，呈熟葡萄状，有一触即破的感觉。此期维持 8~10 小时。

(三) 母牛的人工授精技术

人工授精指的是使用器械对公牛的精液进行采集，经过检查、稀释处理后，使用输精器将精液输入母牛的生殖道内，以代替公母牛自然交配的一种配种方法。母牛人工授精可明显提高优良种公牛的配种效率；扩大配种母牛的头数；加速育种工作进程和繁殖改良速度；促进养牛业高效、高产、优质的发展；减少种公牛的饲养头数；降低饲养管理的费用；扩大公牛配种地区范围和提高母牛的配种受胎率。通过人工授精还能及时发现繁殖疾病，可以采取相应措施及时进行治疗。人工授精技术已成为养牛业的现代科学繁殖技术，并已在全国范围内广泛应用，促进了养牛业生产效率的提高。

1. 母牛最佳配种时间

(1) 母牛体成熟和初配年龄　母牛初次配种时必须达到体成熟年龄和适宜的体重。体成熟指的是牛的肌肉、骨骼以及内脏中的各个器官基本都发育完全，并且具备了成年牛的固定形态和结构。母牛达到体成熟的年龄因类型、品种、气候、营养及个体间的不同而有差异，黄牛一般为 2~3 岁，在饲养条件较好的条件下，培育品种为 1.5~2 岁。母牛初次配种年龄过早，不仅会影响母牛本身的正常发育和生产性能，减少利用的年限，还会影响犊牛的生产性能和生活能力。母牛的初配年龄主要依据牛的品种、个体的生长发育情况和用途来确定。早熟品种 16~18 月龄，中熟品种 18~22 月龄，晚熟品种 22~24 月龄。母牛初配时体重应达到成年体重的 70%。

(2) 母牛生产后进行第一次配种的时间　从母牛生产结束到之后第一次正常发情的时间差不多是 65 天，肉牛为 40~104 天，黄牛为 58~83 天，牦牛为 21~54 天。实践证明，肉牛在产后 60~90 天配种比较适宜，对少数体况良好、子宫复原早的母牛可在 40~60 天内配种。

2. 分娩管理

（1）在分娩前注意观察，做好接产准备　母牛的乳房在分娩前 10 天开始变得肿大，分娩前 2 天极度膨胀，皮肤发红，乳头饱满；分娩前 1 周阴唇肿胀柔软；分娩前 1~2 天子宫颈黏液软化变稀呈线状流出；骨盆韧带从分娩前 1 周开始软化，临产前母牛精神不安，不断徘徊，食欲不振，经常会做出排尿状态。

（2）分娩时要注意接产　母牛分娩时应尽可能让其自然分娩，对于头胎牛、胎儿过大、倒生等情况，过了产出期 3~4 小时后可适当给予助产。出现难产要请兽医处理。难产分为胎儿性难产、产道性难产以及产力性难产。

（3）分娩后要注意产后监护

①产后 3 小时内需要注意观察母牛产道有无损伤出血。

②产后 6 小时内需要观察母牛努责的情况。如果努责强烈，可能子宫内还有胎儿，同时需要注意子宫脱出的征兆。

③产后 12 小时内注意观察胎衣排出情况。

④产后 24 小时内注意观察恶露排出的数量和性状，排出大量暗红色恶露为正常。

⑤产后 3 天内需要观察母牛是否发生生产瘫痪的症状。

⑥产后 7 天注意观察恶露排尽程度。

⑦产后 15 天注意观察子宫分泌物是否正常。

⑧产后约 30 天可以使用盲肠检查母牛子宫的康复情况。

⑨产后 40~60 天注意观察产后第一次发情。

（4）初生犊牛的护理

①保证呼吸。犊牛出生后首先要用毛巾或手清除其口腔和鼻腔内的黏液，如果黏液较多，阻碍其呼吸，可将犊牛头部放低或倒提起犊牛控几秒钟，使黏液流出。若出现呼吸困难，也可以通过人工诱导，即交替挤压和放松胸部的方法帮助其呼吸。

②消毒脐带。距腹壁 5~10 厘米剪断脐带后，用 5% 碘酊浸泡消毒。

③早喂初乳。出生 30 分钟内喂初乳 2 千克，日喂 4 次。

第四节 犊牛的饲养管理 >>>

犊牛指的是出生后到断奶前的小牛，按照犊牛的生理特征可以将这一时期分为初生期和哺乳期。哺乳期一般为 3~6 个月。哺乳期的犊牛处在快速生长发育的阶段，饲养管理得当，对充分挖掘其肉用潜力具有重要作用。影响犊牛生长发育的因素有很多，其中亲代的遗传、生活条件、食用的饲料类型以及饲养水平等因素产生的作用比较大。

（一）犊牛的饲养

1. 犊牛的开食　为了促进犊牛胃肠和消化腺的发育，以使其适应粗饲料，利于后期的生长发育以及发展生产性能，应该尽早地饲喂犊牛牧草和其他饲料。一般而言，在犊牛出生 7~10 天开始训练其采食干草，可以在牛槽或草架上放置优质干草，任其自由采食及咀嚼。在出生后15~20天或更早开始训练其采食混合精料。

将混合饲料涂在犊牛的口鼻处，教会犊牛舔食，开始时每天饲喂10~20克，之后逐步增加到80~100克。待犊牛适应一段时间干料后，再饲喂糖化后的干湿料。应该注意的是，糖化料不能酸败。犊牛开食料中不应含有尿素。犊牛在满月或40~50日龄后可逐渐增加饲料量，减少哺乳量，除了干湿料的增加，还可以增加青贮饲料和多汁饲料（胡萝卜、南瓜、甜菜等）。多汁饲料自20日龄开始饲喂，最初每天200~250克，到2月龄时每天可喂到1.0~1.5千克；青贮饲料自30日龄开始饲喂，最初每天100~150克，3月龄时可增至1.5~2.0千克，4月龄的时候增加到4~5千克。犊牛饲料不能突然更换，换饲料的时间为4~5天，更换比例不能超过10%；对1周龄的犊牛要诱导饮水，最初用加有奶的36~37℃的温水，10~15天后可逐步改为常温水（水温不低于15℃）。犊牛舍要有饮水池，贮满清水，任其自由饮用。

2. **犊牛断奶** 犊牛具体的断奶时间与犊牛的身体状况以及补充饲料的情况有关，并且断奶需要循序渐进。当犊牛达到3~6月龄，日采食0.5~0.75千克的犊牛料，并且能有效反刍时即可实施断奶。对体弱者可适当延长哺乳时间，同时训练多食料。预定断奶前15天要逐渐增加饲料饲喂量并且用混合料和优质干草逐步替代犊牛料；减少哺乳的数量以及次数，将每天的3次哺乳改为2次哺乳，再改2次为1次，然后改隔天1次。当母子互相呼叫时，要将犊牛舍饲或拴饲，断绝接触。断乳时要备1:1的掺水牛奶，使犊牛饮水量增加，之后渐渐减少奶的加入，最终变成常温清水。有时候也可以对犊牛进行早期断奶。

(二) 犊牛的管理

1. 称重与编号　犊牛的称重应在出生后第一次哺乳前和清晨饲喂前进行。第一次称重的时候需要给犊牛进行编号。特别是在需要育种的牛场，称重和编号十分重要。进行编号记录的时候一并记入犊牛的亲本存档。号码应用耳标的方式固定，以便观看。

2. 去角　去掉牛角的目的是防止牛伤人或伤害其他牛。对30日龄前的犊牛可用电烙法去角；对1~3月龄的犊牛去角可使用苛性钠或者苛性钾灼烧法；而犊牛较大时，可用凿子或者锯去角。

3. 运动　除特殊生产（如犊牛白肉生产），犊牛应该有足够的运动。运动对促进血液循环、改善心肺功能、增加胃肠运动、增强代谢都具有良好的作用。出生后7~10天的犊牛都可进入运动场运动，1月龄前的犊牛每天进行半小时的运动，以后可发展到每天两次，每次1小时或者一个半小时，夏天注意防暑。

4. 去势　除特殊生产（如犊牛肉生产），对公犊牛要去势。虽然未去势公犊牛的生长速度及饲料利用率均高于去势公牛和母牛，但去势公牛能很好地沉积脂肪，改善牛肉风味。为便于管理，在公犊牛4~8月龄以前要对其进行去势。去势的方法包括结扎法、手术法、注射法、去势钳钳夹法、提睾去势法等，应用较多的为去势钳钳夹法和结扎法。

结扎法的操作方法为将睾丸推至阴囊下部，用橡胶皮筋尽可能紧地扎结精索即可。提睾去势法主要用于小牛肉生产。首先把公犊牛的睾丸往腹壁方向推挤，让睾丸贴紧腹壁或者从鼠蹊孔进入腹腔，然后紧贴腹壁或睾丸下端用橡胶圈扎紧阴囊，造成隐睾或提高睾丸温度，使之失去产生精子的能力。

5. 犊牛卫生管理

（1）加强卫生打扫和观察　犊牛对生活环境有比较高的要求，因此，必须对圈舍勤加打扫、经常换垫草，使牛舍保持清洁、干燥、温暖、宽敞和通风。给犊牛喂奶时，观察犊牛食欲、运动、精神等方面的情况；扫地时观察粪便。健康犊牛活动灵活、眼睛明亮、被毛闪光，否则就有生病的可能。如果发现犊牛的眼睛下陷、耳朵下垂、皮肤发紧以及后躯的粪便有一定污染，则可初步判断为肠炎症状。

（2）洁净　犊牛的饲料和饮用的牛奶不能有发霉变质和冻冰结块现象，更要防止铁钉等金属和粪便杂质的混入。商品饲料必须在保质期内，如果使用自制饲料则要现喂现配；人工喂乳时，喂奶的工具在每次使用过后都要清洗干净，保证洁净；每天都要刷洗牛体1~2次，保证犊牛不被污水和粪便污染，减少疾病的发生。

（3）防止舔癖　初生犊牛最好单栏饲养，犊牛每次喂奶完毕，应将犊牛口鼻处的残奶擦拭干净，如果犊牛已经形成了舔癖，可以在犊牛的鼻梁前装一块小木板进行纠正。除此以外，犊牛单圈饲养法，对于控制犊牛大肠杆菌病的发生、降低脐带炎发生率也都起着重要作用。

（4）严格消毒　必须建立定期消毒制度，冬季每月 1 次，夏季每月 2~3 次，用苛性钠、石灰水等进行全面消毒，消毒范围包括地面、栏杆、墙壁以及食槽等。如果发现传染病，应对病死牛所接触过的环境和用具进行彻底消毒。

第五节 牛的疾病防治 　　　　　　　　　　>>>

(一) 瘤胃积食

牛的瘤胃积食指的是牛瘤胃中的食物存贮过多，导致瘤胃壁膨胀，饲料蓄积在瘤胃中，瘤胃消化障碍的疾病。

1. 症状

①患病牛的食欲减退甚至废绝，停止反刍或者嗳气。

②腹围增大，左侧瘤胃上部饱满，中下部向外突出，触诊瘤胃内坚实，呈生面团感。

③病牛有腹痛表现，经常回看腹部，有时候会用后肢踢腹部。不间断地起卧，拱背，常伴随呻吟。

④起初正常排粪，后来排粪迟滞甚至停止。饲喂精料以后的病牛，粪便呈现粥样，恶臭。病牛脱水，酸中毒。

2. 防治

(1) 预防　预防牛瘤胃积食时应该加强饲养管理，防止牛饲料突然变换或者牛过量食饲。奶牛和肉牛应按日粮标准饲养；耕牛不要过度劳役。饲喂干粗饲草时，要铡短后再进行饲喂，控制牛的进食量。

(2) 治疗　治疗牛瘤胃积食的原则是促进瘤胃内食物的运转，帮助牛消食化积，防止牛脱水和酸中毒，恢复前胃的运动机能。

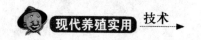

①药物疗法。灌服泻剂，促进瘤胃内容物排空。

常用的方法是准备 500~1000 克硫酸镁、100~120 克苏打粉、6000~10000 毫升水一次性进行灌服。也可以用 500 克硫酸镁、500~1000 毫升石蜡油、20 克鱼石脂、50~100 毫升 75%酒精加水一次灌服。

帮助瘤胃加强收缩，解决个体中毒现象可以采取 500 毫升 10% 氯化钠液、10 毫升 20%安钠咖、0.5~1 克维生素 C 静脉注射，每天两次。也可以用 1000 毫升葡萄糖生理盐水、500 毫升 25%葡萄糖液进行静脉注射，每天 1 次或者 2 次。

②手术疗法。药物治疗无效时，尽快进行瘤胃切开术，掏出大部分胃内容物。

③洗胃疗法。如果牛采食了大量的精料而引发瘤胃积食，可以使用大号的胃管向胃内导入淡盐水，并将其导出。反复洗胃可收到较好的治疗效果。

（二）结核病

结核病是分布很广的人畜都会感染的一种慢性传染病，主要侵害牛的消化道、淋巴结、肺脏、乳房等，在多种组织中形成肉芽肿（结核性结节、脓疡）、干酪化和钙化病灶。

1. 症状　潜伏期长短不一，短者十几天，长者可达数月或数年。

（1）肺结核　肺结核是牛的一种多发病。主要表现为干咳，特别是运动、起立、呼吸冷空气或含尘埃的空气时更易咳。

病初时食欲、反刍均无变化，但易疲劳。随着病情的发展，咳嗽由少而多，带疼感，伴有低热；咳嗽吐出的分泌物呈现脓性、黏性、灰黄色；其呼出气体有腐臭味，严重的时候出现呼吸困难，仰头伸颈。

肺部听诊有罗音和摩擦音，叩诊有浊音区。患牛消瘦，贫血，体表淋巴结肿大。当发生全身性粟粒结核、弥漫性肺结核时，体温升高到40℃。

（2）肠结核　肠结核表现为瘤胃膨胀或者前胃弛缓，出现腹泻和便秘，腹泻的时候，粪便呈现稀粥状，内混有黏液或脓性分泌物，渐进性消瘦，全身无力，肋骨显露。触摸直肠时腹膜表面粗糙，肠系膜淋巴结肿大，有时能触摸到腹膜或肠系膜的结核结节。

（3）乳房结核　乳房结核表现为牛乳房上的淋巴结肿大，乳房的实质部出现大小不等、数量不定的结节，质地坚硬，无热、疼感。泌乳量减少，发病初期乳汁无明显变化，严重时乳汁稀薄，呈灰白色。

（4）生殖器官结核　生殖器官结核表现为牛的性功能紊乱，频繁发情，交配不孕，母牛容易流产，公牛的附睾肿大，出现硬结节。

2. 防治　对结核病牛应立即淘汰；对于应保护的良种母牛、种公牛可用链霉素、异烟肼及利福平治疗。

处方一：每千克牛体重使用异烟肼约2毫克，口服，每天2次，持续3个月作为一个疗程。

处方二：链霉素2~4克，肌注，隔日用药，每日2次，配合异烟肼。

处方三：利福平3~5克，口服，每日2次，配合异烟肼。

（三）瘤胃鼓气

瘤胃鼓气指的是牛采食容易发酵的饲料过量，从而有大量气体产生，或者由于其他的原因造成瘤胃内的气体排出困难，气体在瘤胃和网胃迅速蓄积，引起呼吸和血液循环障碍、消化紊乱的疾病。

1. 症状

①牛采食后不久，其左侧肷窝出现鼓胀。按压牛的腹壁，有弹性，紧张，叩诊时出现鼓音。

②腹痛、呻吟、不安、踢腹，食欲废绝、反刍停止。

③呼吸困难、心动亢进，后期静脉怒张，黏膜发绀，听诊瘤胃蠕动音消失。

2. 防治

（1）预防 预防牛的瘤胃鼓胀时应该加强饲养管理。其具体的措施包括：一是饲喂豆科植物如苜蓿时应先晒干，如喂鲜苜蓿，应控制喂量；二是喂青绿饲料前 1 周先喂青干草或干、鲜草掺杂饲喂；三是谷实类饲料不应粉碎过细，精料量应按需供给，不可过量。

瘤胃鼓气

（2）治疗 治疗该病应注意以下四点，即排出气体、制酵消沫、健胃消导以及强心补液。

①排出气体。可采用套管针瘤胃穿刺放气，也可采用胃管导入瘤胃放气。

②制酵消沫。应用松节油 20~30 毫升、鱼石脂 10~15 克、酒精 30~50 毫升，加适量温水或者 600~1000 毫升的 8%氧化镁溶液，一次性内服。

③健胃消导。使用 2%~3%碳酸氢钠溶液洗涤瘤胃，调节牛瘤胃里的 pH 值，或者使用毛果芸香碱 0.02~0.05 克或新斯的明 0.01~0.02 克皮下注射，促进瘤胃蠕动，有利于反刍和嗳气。

④强心补液。在治疗时，需要注意牛的全身状态，适当地进行强心补液。

74

第五章
家禽类的养殖

第一节 优良的家禽品种 〉〉〉

一、鸡的主要品种

（一）蛋鸡品种

白来航鸡是世界上一种著名的蛋鸡标准品种，原产地在意大利，最早从意大利的来航港输出，因此得名。

该鸡体形较小而清秀，体质紧凑，羽毛全白，鸡冠和肉垂发达，公鸡的冠厚而直立，母鸡冠倾倒向一侧，喙、胫、趾以及皮肤的颜色都是黄色，耳叶呈白色。反应灵敏，活泼好动，觅食能力强，富神经质，易受惊吓。适应性强，160天左右性成熟，年产蛋220~240个，蛋重平均为55~60克，蛋壳为白色。成年公鸡的体重为2.0~2.5千克，成年母鸡的体重约为1.6千克。

目前培育的一些白壳蛋鸡配套杂交种，主要是利用白来航鸡的血液。其方法是首先培育出含有不同特点的品系，之后品系之间进行杂交，经过杂交筛选，得出最优良的杂交组合，这种组合生产性能及产品的商品性更强，饲料利用率更高。如北京白鸡、巴布可克B-300、尼科白鸡、海兰W-36等。

(二) 肉鸡品种

1. 科尼什 科尼什的原产地在英国的康瓦尔，属于典型的标准肉鸡生产品种，包括白色科尼什和红色科尼什两种类型。最早的白色科尼什为隐性白羽基因，后来美国用红色科尼什引入了白来航的显性白羽基因从而培育了含有显性白羽的白色科尼什，成为肉鸡的父系。

该鸡为豆冠，喙、胫、皮肤呈黄色，羽毛紧密，体躯坚实，肩、胸很宽，胸、腿肌肉发达，肉用性能优良，但是产蛋性能较差，每年的平均产蛋量为 120~130 个，单颗蛋的重量约为 56 克，蛋壳浅褐色。体重大，成年公鸡体重为 4.6 千克，母鸡 3.6 千克。具有显性白羽基因的科尼什和其他的有色鸡进行杂交后，后代的颜色大多是白色或者近似白色。

2. 九斤鸡 九斤鸡作为肥肉鸡在国内非常出名。九斤鸡大多呈棕黄色，背部较宽，胸部肥而厚，臀部很发达，雄鸡体重可达 4.5 千克（9 斤），雌鸡可达三四千克。通称"九斤黄"。

该品种鸡的体形较大，类似三角形。公鸡的羽毛分为黄胸黄背、红胸红背以及黑胸黑背三种类型。母鸡全身黄色，有深浅之分，羽片端部或边缘常有黑色斑点，因而形成深麻色或者浅麻色。颈羽、主翼羽以及尾羽有时呈黑色。公鸡的主翼羽和副翼羽大多数呈现部分黑色，腹翼羽为金黄色或带黑色；母鸡主翼羽及副翼羽呈黄色，但腹翼羽杂有褐色斑点，有时主翼羽呈现黑色或者部分为黑色。公鸡的尾羽和镰羽向上翘，和地面呈 45°，为黑色并且呈现黑绿色光泽；母鸡尾羽短，稍向上，主尾羽不发达。公鸡单冠直立，冠齿多为 7 个；母鸡冠比较小，有时候冠齿不分明。九斤鸡的鸡冠、肉垂以及耳叶都呈红色，肉垂很薄很小，喙稍微弯曲而短，基

部粗壮、黄色，上喙端部呈褐色。胫、趾黄色。有胫羽和趾羽。

二、鸭的主要品种

（一）肉鸭品种

1. 北京鸭　北京鸭的原产地在我国北京市近郊，主要分布范围为玉泉山以及护城河一带。该品种鸭具有生长速度快、繁殖率高、适应性强、肉质好等优点，是国内外驰名的优良品种，该品种已被列入《中国家禽品种志》，成为国家级畜禽资源保护品种。

北京鸭早在 1973 年就进入美国、英国市场，后来很快传入欧洲各个国家，1888 年进入日本市场，现在已遍及世界各地，许多国家引进北京鸭作为育种素材，来改良当地鸭种，培育出很多高产的品系。

北京鸭

2. 樱桃谷鸭　樱桃谷鸭由英国樱桃谷公司培育而成，1980 年首次被我国深圳引进，现河北、河南、山东、四川等省和南京市都建有祖代鸭场，向全国推出樱桃谷公司的新品种 SM3 超级大型肉鸭。

（二）蛋鸭品种

1. 绍兴鸭　绍兴鸭又叫绍兴麻鸭，简称绍鸭，属于我国优质的蛋用型小型麻鸭品种。通过进行长期提纯复壮、纯系选育，形成了带圈白翼梢（WH）系和红毛绿翼梢（RE）系两个品系。目前，全国很多地区都有饲养这种品种，绍兴鸭的饲料利用率以及产蛋量均高，杂交利用效果好，可适应多种环境。

2. 金定鸭　金定鸭是福建传统的一种蛋鸭品种，主产区在龙海市的紫泥乡，因该乡的金定村有 200 多年的养鸭历史而得名。金定鸭属麻鸭的一种，又称绿头鸭、华南鸭。

金定鸭

（三）兼用鸭种

1. 高邮鸭　高邮鸭是我国一种较大型的蛋肉兼用型麻鸭品种。原产地在江苏省高邮市、兴化市以及扬州市的宝应县等地，分布于江苏北部京杭运河沿岸的里下河地区。本品种觅食能力强，善潜水，适于放牧，肉质细嫩，产蛋大，因产双黄蛋而出名。该品种已经被列入《中国家禽品种志》，是国家级畜禽资源保护品种。

2. 建昌鸭　建昌鸭是一种肉用性能优良的麻鸭类型，因生产大肥肝而出名，因此又叫"大肝鸭"。建昌鸭原产地在四川省的西

建昌鸭

昌市、凉山彝族自治州德昌县、凉山彝族自治州冕宁县、攀枝花市米易县和凉山彝族自治州会理县等地，因西昌古称建昌而得名。建昌鸭的主产区在云贵高原以及青藏高原的安宁河河谷地带，当地属于亚热带气候。当地向来有腌制板鸭、填肥取肝和食用鸭油的习惯，经过长期的选择和培育，才形成以肉为主、肉蛋兼用品种。建昌鸭已经被列入《中国家禽品种志》，属于国家级畜禽资源保护品种。

三、鹅的主要品种

1. 豁眼鹅 豁眼鹅的原产地在山东省莱阳地区，主要分布范围包括辽宁昌图、吉林通化以及黑龙江延寿县等地区，因其上眼睑的中间部位有个小豁口而得名。豁眼鹅在吉林称"疤拉眼鹅"，辽宁称"豁鹅"，山东地区叫"五龙鹅"。豁眼鹅是我国最高产的一种小型白色鹅品种。

2. 狮头鹅 狮头鹅的原产地在广东省饶平县溪楼村，主要分布范围包括广东省澄海区以及汕头市郊。狮头鹅是我国

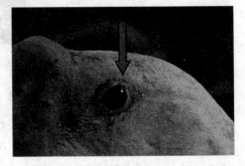

豁眼鹅

最大型的鹅种，因成年鹅的头部形状很像狮头而得名。

3. 雁鹅　雁鹅的原产地在安徽省的寿县、舒城、霍邱、肥西以及河南省的固始等县，主要分布范围包括安徽各地，在江苏省西南部与安徽省接壤的镇宁丘陵地区发展速度比较快。目前，雁鹅的饲养中心位于安徽省的广德、郎溪一带。雁鹅属于我国灰色鹅品种。

4. 溆浦鹅　溆浦鹅的原产地在湖南省沅水支流的溆水两岸，主要分布范围包括溆浦县城以及附近的水车、马田坪、新坪等地。溆浦鹅是我国地方鹅种中产肥肝性能较好的一个品种。

溆浦鹅

5. 四川白鹅　四川白鹅的原产地在四川省的乐山、达川、宜宾、温江以及永川等地区。主要分布范围包括丘陵水稻和平坝地区。四川白鹅是我国中型的白色鹅种中唯一无就巢性而产蛋量较高的品种。

6. 浙东白鹅　浙东白鹅的主要生产范围包括浙江东部的定海、奉化以及象山地区，并因此得名。该品种鹅广泛分布于余姚市、慈溪市、绍兴市上虞区、宁波市鄞州区、嵊州市等地。浙东白鹅是我国中型鹅中肉用性能较好的一种地方品种。

第二节 家禽的设施建设 〉〉〉

一、养鸡场的选址与建设

(一) 养鸡场的选址

养鸡场应该选择地势高燥、背风向阳以及水电便利的地方，同时还要注意和其他的养鸡场保持距离。在肉鸡饲养比较集中的地区，就易存在鸡舍间距离太小、环境污染严重的问题。有的鸡舍间距只有几米远，没有隔离措施，易造成疫病的传播。一些养殖户防疫意识淡薄，鸡粪清理后堆积在主干道，造成很大污染，不仅危害了自己的鸡舍，也给其他鸡舍造成了潜在威胁。

(二) 鸡场的场区建设要求

应从便于防疫和组织生产角度考虑。场区分为生产区、生活办公区、污粪处理区等。区域之间应该相对独立。尤其是生产区，必须独立而封闭，并在周围设置防疫围墙或者防疫沟当作隔离带，大门出入口应设置值班室、更衣消毒室和车辆消毒通道，鸡舍最好坐北朝南，栋与栋之间应保持足够的距离。

鸡场按照地势高低、主风向以及水流的方向依次可分为生活区、办公区、生产区以及粪污处理区。生活区位于上风向，靠近主干道，如地势与风向不一致时，则以风向为主。

二、鸭场布局与鸭舍建筑

（一）鸭场布局

作为一个有一定规模、完整的养鸭场，一般包括 3 个功能区，即管理区：行政区和职工生活区；生产区：鸭舍、饲料储存区、加工调制区等，如是种鸭场还应考虑孵化室；粪污处理区：兽医室、病鸭隔离室、粪便及鸭尸处理池等。

小型鸭场的区间布局和大型鸭场的差不多相同，一般是把饲养员的宿舍以及仓库等放在鸭舍的外侧，鸭舍放在里侧，以便于饲料、产品的运输和装卸，也能尽可能地避免外来人员进入鸭舍，以便于卫生防疫工作。

（二）鸭舍建筑

鸭舍建筑包括两大类，即简易鸭舍以及固定鸭舍。

鸭舍

1. 简易鸭舍　在我国长江流域和南方地区，多以简易鸭舍饲

养各种类型的鸭群，常分为行棚和草舍两种。

2. 固定鸭舍　按照建筑样式，固定鸭舍包括单列式、双列式、开放式、半开放式、密闭式网上饲养鸭舍、半网上饲养鸭舍等。按用途分育雏鸭舍、育成鸭舍、种鸭舍。

三、鹅舍的建筑与设计

（一）鹅舍建筑

鹅舍建筑一般要求光照充足、空气流通、冬暖夏凉、防潮、经济实用、地势高燥而有一定坡度，且靠近水源。鹅是水禽，但鹅舍内最忌潮湿，特别是雏鹅舍更应注意。因此，鹅舍应高燥、排水良好、通风，地面应有一定厚度的沙质土。为降低养鹅成本，鹅舍的建筑材料应因地制宜，如利用竹木结构或者泥水结构建造简易鹅舍，也可以采用砖墙瓦顶或者砖墙水泥瓦顶结构的鹅舍。养鹅只数不多时，也可利用空闲的旧房舍或利用墙边围栏搭棚，供鹅栖息。鹅舍因鹅的种类不同而分成雏鹅舍、育肥舍、种鹅舍及孵化舍等几种。

（二）鹅舍设计

建造鹅舍的基本要求类似于鸭舍，一般需要包括孵化舍、雏鹅舍、种鹅舍、育肥舍几种。

雏鹅舍用于饲养 3 周龄以下的雏鹅。雏鹅体温调节能力差，无抵御寒冷侵袭的能力。因此，雏鹅舍应保温、干燥、通风，但无贼风，并设置供暖设备。每舍 50~60 平方米，饲养 500~600 只雏鹅。为了使室内保持干燥，雏鹅舍的地面应高于外面地面 10~30 厘米，室内地面夯实后可以铺上砖，也可直接用沙土铺地。舍外有运动场，作为喂料区和雏鹅休息区。舍内与舍外面积之比为 1：（1.5~2）。运动场紧靠水池，池底不宜太深，有一定坡度为好，方便鹅群入水。

育肥舍可根据旧房舍进行改建，也可使用石棉瓦和竹木建一个能遮挡风雨的简易棚舍。棚舍应搭建成前高后低的敞棚单坡式，前檐高 1.7~2 米，后檐高 0.3~0.4 米，进深 4~5 米。后檐砌墙挡北风，前檐可以不砌砖墙。育肥舍外也应有场地、水面。水面用尼龙网或旧渔网围起。育肥舍内需要保持平整、干燥，方便打扫。其建筑面积可根据每平方米放置 70 日龄的种鹅 7~9 只进行计算。

种鹅舍面积以每幢饲养 200~300 只种鹅为限，不宜过大。可采用敞棚式，朝南敞开，朝北砌墙或用竹帘挡住。舍内地面夯实即可，也可铺砖。种鹅舍最大的问题是防老鼠或其他小型兽类惊扰鹅群或者偷种蛋。舍内应该比舍外高，并且在舍内设有和所有休息场所的门相通的专门的产蛋间。产蛋间内光线可稍暗些，有垫草铺成的产蛋窝。最好是用短竹木隔成小间，以免产蛋母鹅相互惊扰。种鹅舍外应有足够大的运动场和水面，水面较大时也应用尼龙网围出一小部分。在运动场的周围最好搭建凉棚或者有树荫。

孵化舍也可以使用旧房舍进行改建。人工孵化，可不设孵化舍；利用母鹅自然孵化，应专设孵化舍。改建孵化舍的总原则是房舍周围环境安静，冬暖夏凉，空气流通，光线幽暗。

第三节 家禽的饲料配制 〉〉〉

一、鸡饲料的配制

配制饲料的方法有很多，不过常用于生产的是试差法以及微机配制。微机配制指的是把专业的配制饲料软件装入微机，把各种饲料中所含的营养成分和单价输入计算机内储存，再输饲养标准要求的各种营养素的需求量，可得一成本最低、满足营养需要的饲料配方。这种方法运算速度非常快，如果有一定畜牧专业知识，只需稍加训练便可掌握其技术。

随着计算机技术的发展和应用，科技人员考虑将计算机技术应用到饲料配方设计上，以达到快速、准确、方便的目的。但是，经计算机制作出的配方必须与客观现实、饲料知识相结合，才能让配方更加科学化。

1. 计算机优化饲料配方原理　目前，利用计算机优化饲料配方的方法一般有三类：一是基于试差法的手工规划法，主要用于检查饲料配方营养成分和调整饲料原料配比；二是线性规划法，主要目的是设计在一定约束条件下的成本最低及收益最大的配方；三是多目标规划法，可用于设计满足不同要求的配方。

2. 电脑配方软件应用　随着越来越多的农业院校、科研机构的科技人员对计算机配方技术进行开发研究，计算机配方技术逐步成熟。配方软件的操作过程逐渐变得简单，功能日趋完善，获得的配方也逐渐变得更加实用，从最初的只能进行线性规划，获得全价饲料最低成本配方，发展到现在的目标规划、多配方技术、概率配方、生产工艺管理、配料仓竞争处理技术、多套原料组分概念、灵敏度分析技术和原料采购决策、配方渐变分析和综合分析技术等，可以同步进行全价饲料、浓缩饲料、预混料等方面的配方设计，而且操作界面也越来越优化、简单易用。应用饲料配方软件进行配方设计时一般主要经过以下几个步骤：

①根据饲养对象，选择最佳饲养标准，并且根据实际饲养的环境，确定营养需求量。

②据现有饲料资源选择饲料原料，并根据实际分析结果，修改饲料原料营养成分含量和价格，并确定饲料原料的使用量范围。

③通过优化计算，获得最佳配方。

④据实践生产情况，进行实际配方转换，获得实践可行的生产配方。

试差法仍然是大家公认的一种操作简便、易于掌握的方法。这种方法分为三步，第一，根据日龄或生产阶段查出饲养标准；第二，选择饲料；第三，确定各饲料的大致使用量。

二、鸭饲料的配制

①一般情况下，鸭子产蛋的时间是凌晨，为了避免产出沙壳蛋、畸形蛋以及产蛋量下降，必须让鸭在凌晨时保持较高的血钙浓度。在配制产蛋鸭饲料时，既要有吸收快的钙源，又要有吸收缓慢的钙源，通常同时把石粉和贝壳粉用作钙源。

②产蛋鸭中经常会发生维生素 D 缺乏症，这是日粮中维生素 D 供给不足或家禽接受日光照射不足造成的。患病鸭表现为生长发育不良，羽毛蓬乱，无光泽，产蛋下降，产薄壳、软壳蛋，蛋壳容易碎裂。为了解决这个问题，需要经常在鸭饲料中添加鱼肝油或者维生素 A、维生素 D₃、维生素 E 等。

③饲料原料和配好的饲料要存放于通风、避光、干燥的地方，以免饲料中的脂肪氧化，维生素 A、维生素 E 遭到破坏。在饲料与地面之间放置一层防潮材料，以防饲料板结、霉变。霉变的饲料容易使鸭患痢疾和中毒等。此外，饲料仓库中也要防止虫害和鼠害等的侵袭。

④鸭经常吃新鲜的鱼虾和小螺等软体动物，这些动物体内含有一种叫硫胺酶的物质，能破坏维生素 B₁，故鸭很容易发生维生素 B₁ 缺乏症。本病多发生于雏鸭，常在 2 周龄内突然发病。鸭子如果吃到水生动物，应该在日粮特别是雏鸭饲料中添加维生素 B₁ 的含量。

三、鹅饲料的配制

1. 各类饲料的大致用量　籽实类以及加工的副产品占 30%～70%，干重的块茎类以及加工的副产品占 15%～30%，动物性蛋白占 5%～10%，植物性蛋白占 5%～20%，青饲料和草粉占 10%～30%，钙粉和食盐酌加，并视具体需要使用一些添加剂。

2. 饲料混合形式

（1）粉料的混合　把各种原料加工成干粉后进行搅拌，压成颗粒状投喂给鹅，使用这种形式既省工省事，又防止鹅挑食。

（2）粉、粒料混合　即日粮中的谷实部分仍为粒状，混合在一起，每天投喂数次，含有食盐、钙粉、添加剂以及动物性蛋白等的混合粉料另外进行补充饲喂。

（3）精、粗料混合 将精饲料加工成粉状，与剁碎的青草、青菜或多汁根茎类等混匀投喂，钙粉和添加剂一般混于粉料中，沙粒可用另一容器盛置。

用后两种混合形式的饲料饲喂鹅时容易使鹅对某些营养成分摄取过多或者过少。

第四节 家禽的孵化技术 〉〉〉

一、种蛋的合理管理

1. 种蛋的选择 种蛋的来源必须健康，家禽不能带有可以通过蛋进行传播的疾病，如支原体、白痢以及马立克病等。做种家禽需要饲喂全价的配合料，使用科学的饲养管理技术。种蛋表面必须清洁，蛋壳完整无裂缝，颜色正常，表面钙质沉积均匀，蛋重适中，蛋形正常，蛋的长径与短径之比为（1.32~1.39）：1。

2. 种蛋的保存

（1）温度适宜 温度超过 23.9℃时，胚胎就开始发育，虽然发育程度有限，但是细胞新陈代谢会逐渐导致禽胚的衰老和死亡；相反，温度低于 0℃时，种蛋会因受冻而失去孵化能力。保存种蛋

的适宜温度为 10~15℃，大型家禽场最好有专用的蛋库，库房安装隔热装置，安装空调，保持蛋库内适宜的温度，防止阳光直射，杜绝老鼠、蚊蝇。

（2）相对湿度适宜 蛋内的水分通过蛋壳不断蒸发，蒸发速度受周围环境相对湿度的影响。相对湿度低，蛋内水分蒸发就快，反之则慢；相对湿度过高，种蛋容易变质发霉，一般保存种蛋最适合的相对湿度是 70%~80%。

（3）放置方式与翻蛋 从种蛋产下到入孵期间，最好把种蛋以小头向上的方式放置，实验证明这样放置的种蛋孵化率高些。同样保存 7 天，小头向上的种蛋的孵化率为 90%，而大头向上的种蛋的孵化率只有 82%。为防止蛋黄粘壳，种蛋保存过程中还应注意变动位置。如果种蛋保存的时间短于 1 周，那么保存期间不需要翻动。如果长时间保存种蛋，则需要在保存期间每天翻 1~2 次蛋。

蛋库内应设置半自动化翻蛋的蛋架，蛋架上蛋盘与孵化机的蛋盘配套，这样可以大大提高工效，减轻劳动强度。

3. 种蛋的运输 运输种蛋时最好使用专门的种蛋箱，如果没有，可以用木箱或者纸箱代替，每隔一层种蛋放一层柔软垫料，途中防止剧烈颠簸，避免受冻、暴晒和雨淋。

二、孵化条件的控制

家禽的孵化条件包括温度、湿度、通风、翻蛋以及凉蛋。

1. 温度 立体孵化的适宜温度为 37~37.8℃，出雏时的适宜温度为 37.3~37.5℃。胚胎在发育时对温度有一定的适应能力，在35~40℃的范围内，都有一些种蛋能出雏，但温度过高或者过低时，出雏率不高，雏禽也比较软弱。温度比较低的时候，胚胎发育较为迟缓，出雏的时间延迟，雏禽腹部大，站立不稳，出雏率低；温度偏高时，雏禽发育过快，出雏时间提前，雏禽脐带愈合不良，往往带血，有的半个蛋黄在腹腔内，半个在腹腔外，将来育雏条件不良时，容易引发脐带炎，降低雏禽的成活率。因此，只有保证适宜的温度，才能保证孵化的正常进行。

2. 湿度　湿度的原则是两头高、中间平。前期 1~9 天为 65%~70%；中期 10~18 天为 60%~65%；后期 19~28 天为 65%~70%；出雏期 29~31 天为 72%。前期，胚胎要形成大量的羊水和尿囊液，并且由于孵化机内温度比较高，其相对湿度也应加大；中期，为了排出羊水以及尿囊液，湿度应稍低；后期，为防止绒毛与蛋壳粘连，相对湿度应增大到与前期相同；出雏期湿度应更大些，为 72%，25 天后可结合喷水来增加湿度。湿度不可过大，超过 75% 会造成通风不畅，使胚胎由于无法正常进行气体交换而出现酸中毒，最终胚胎因窒息而死亡。另一方面，出壳时湿度过大的话，机内细菌大量繁殖，雏鹅容易脐部感染而发生脐炎。

3. 通风　一般要求孵化器内氧气含量不低于 21%，二氧化碳含量不超过 0.5%。孵化期间，除前 5~6 天，在其他阶段，胚胎都要和外界不断进行气体交换，特别是孵化后期，胚胎从尿囊呼吸转为肺呼吸，对氧气的需求量剧增，要特别注意，有条件的孵化场可安装充氧设备，中小型场可通过加大通风量改变机内的空气环境，如孵化室安排风扇，孵化器进出气孔全部打开等。

4. 翻蛋　孵化中的翻蛋要求 2 小时翻 1 次，进入孵化后期后停止翻蛋。翻蛋角度以水平位置前后各倾 45° 为宜，若为手工翻蛋，以 180° 为适。翻蛋的动作要轻、稳、慢。

5. 凉蛋　凉蛋可以有效地调整湿度，很大程度地影响孵化效率，在孵化前期，不需要凉蛋，中后期时，蛋温常达 39℃ 以上，由于蛋

壳表面积相对小，气孔小，散热缓慢，若不及时散发过多的生理热，就影响发育或造成死胎。凉蛋可以加强胚胎的气体交换，排出蛋内的积热。孵化至 17~19 天时，需要开箱盖，每天凉 1 次蛋；25 天以后的胚胎，需要每天凉 3~4 次蛋降低生理热。凉蛋的时间长短不等，根据实际情况灵活掌握。当蛋温降至 35℃时，继续孵化。

三、家禽的人工孵化

1. 检修与试温　在使用孵化器前，应该先检查机器的性能，即加热系统、翻蛋系统、通风系统、风扇、加湿系统以及报警系统。种蛋入孵前 2~3 天，开动孵化器，将机内的条件调整到孵化所要求的条件，当一切正常时便可入孵。

2. 码盘、预温与上蛋　码盘指的是把选好的种蛋以大头向上的方式放在蛋盘里面。码盘要求小心、轻放，保持蛋数一致，是一项细致而费力的工作。

种蛋入孵前应先将其置于孵化室 4~6 小时，这一过程为预温。种蛋直接从较冷的储蛋室进入孵化机的话有较大的温差，不仅会降低机内的温度，也会影响胚胎的生长发育，因此，只有让种蛋回温后才能入孵。

3. 入孵　用蛋车型孵化器入孵时，将蛋车沿轨道推入，用卡子卡好；用八角形孵化器入孵时，将蛋盘插入蛋架，并遵循上下、左右、前后对称的原则，装好后贴好标签，以防弄混，然后开机加热。

4. 管理　孵化室应实行 8 小时三班倒制度。值班人员每小时观察 1 次，平均每两小时进行 1 次温度记录。若发现机内长时间高温或低温则应进行调整，经调整后仍不能正常者，应检查加温和控温系统。每天早晨向水槽内加水（自动加湿的除外），定时翻蛋，记录翻蛋角度，检查机器运转是否正常，如果出现异常情况，必须及时进行处理或者寻求技术人员的帮助。每次进行交接的时候将情况告诉接班人员。

5. 照蛋 照蛋是人工孵化不可缺少的一项工作，一般进行两次：头照在第6天进行，二照在第13~14天时进行。也可以在第一次进行普遍照蛋，在孵化期间对胚胎的发育情况进行抽检，用以确定孵化条件。

当室温在20℃以下时，照蛋前应提高室温。照蛋时要轻、快、准。抽盘要稳，上盘要牢靠，防止碰震。观察时要认真、详细。对拣出的蛋可进行一次复照，尽量避免漏照和错照。将死胚蛋和没有受精的蛋分别放，方便登记，不过要尽可能地缩短停机时间。

照蛋用具以手提式照蛋器或箱式照蛋器较为普遍，也可用整盘照蛋器。用整盘照蛋器的话，一盘蛋不需移动照蛋器可一次照完。整盘照蛋器较适应带蛋架车的孵化机。

6. 出雏 在落盘1~2天时，将出推器开机，调整好机内的条件，等待落盘。如果有超过80%的家禽出壳，可将干毛的雏禽和蛋壳捡出，其余的拼在一起，继续出雏。捡雏禽的速度要快，以防未破壳的胚蛋温度下降太多。

7. 清扫与消毒 出雏结束后将出雏器清扫洗刷干净，用熏蒸法消毒后备用。

第五节 鸡的饲养管理 〉〉〉

（一）高产蛋鸡的饲养管理

高产品种蛋鸡的饲养需要以下几个方面的支撑，即高温育雏、鸡苗质量选择、饲料营养搭配、饲养管理方法以及疫病防治。

42 天的体重决定了一生的产蛋量，42 日龄绒毛退换时间（绒毛退完）决定开产日龄，确保育成鸡的营养水平，育成鸡需饲喂育雏鸡的预混料，促进育成鸡的骨骼发育（84 日龄胫骼可完成 90% 的发育）以及腹部脂肪沉淀（腹部脂肪沉淀和高峰期的高度和长度有关）；如果体重达标，105 天及时更换高峰料；实现开产到高峰 40 天之内的体重、蛋重和产蛋率的三快；提高产蛋鸡的代谢能水平（代谢能决定产蛋率），可用高能酵素取代油脂，饲料中长期加入微生态制剂（益酶丽维）可以提高饲料的转化率，在产蛋期间最好不使用冻干苗免疫，2~3 个月注射 1 次新流二联疫苗，配合中草药拌料，减少疾病发生；蛋白质决定蛋重，提高蛋重可通过提高蛋白质水平和饲料转化率，提高育成鸡骨架发育等方式来实现。

（二）高产肉鸡的饲养管理

1. 饲料管理　在肉鸡饲养过程中，饲料成本基本占据了养鸡成本的 80%，因此，饲料的选择决定了肉鸡饲养管理经济效益的好坏。所以，要根据肉仔鸡的各阶段生长发育需要，适时更换饲料，饲喂优质全价配合颗粒饲料，增加其采食量，保证肉鸡生长发育的营养需要。

2. 温度控制　在雏鸡刚刚进入鸡舍的时候，需要使鸡舍内的温度保持在 32~35℃，之后每周降温 2℃，最终降到 20℃ 左右为宜，同时应处理好鸡舍保温与通风的矛盾关系，防止鸡群因慢性缺氧而引发腹水症等其他疾病。

3. 密度　肉鸡群最好是 400 只左右设为一群，一般会按照大小强弱分群，饲养肉鸡的密度是每平方米 10~15 只较为合适，否则因密度过大，会造成采食、饮水不均，弱雏因抢不上食、水而生长更弱，致使鸡群生长不平衡。

4. 适时出栏

①肉鸡的出栏时间一般是 46~52 天，如果饲养超过期限，肉鸡的采食量会增加，但是体重减少，从而降低了经济效益。

②肉鸡出栏时的市场价格对肉鸡饲养的经济效益影响很大，因此，饲养户要经常了解、掌握肉鸡市场信息，根据饲养量及毛鸡的需求量决定进雏时间，养殖户应多方关注信息适时进雏。

第六节　鸭的饲养管理　　　〉〉〉

（一）肉鸭的饲养管理

1. 育雏　在雏鸭出壳后的 24 小时内，需要饲喂 0.02% 高锰酸钾水进行肠道的清理消毒。喂水后可以开始训练开口采食。开食时，饲料可撒在塑料布上，让鸭自由采食。把握好育雏时的温度关是育雏成功的关键。其温度要求是：1~3 日龄 35℃，4~7 日龄 32℃，8~14 日龄 30℃，15~21 日龄 28℃，22~28 日龄 25℃。相对湿度的要求是：1~10 日龄 70%，8~14 日龄 65%，15~28 日龄 60%。光照要求：1~10 日龄 24 小时全光照，11 日龄后白天自然光照，晚上可不开灯。饮水：1~10 日龄日喂水 8 次，11~28 日龄日喂水 6 次。冬天及早春要注意防寒保暖，夏天需要防暑降温。

2. 饲料配方 玉米 50%、大麦 10%、豆饼 20%、麸皮 5%、米糠 5%、鱼粉 8%、骨粉 1.7%、盐 0.3%。

(二) 蛋鸭的饲养管理

1. 产蛋初期和前期 当母鸭到了开产年龄时，蛋产量会逐渐增加。日粮的营养水平，尤其是粗蛋白质的含量应跟着产蛋率的递增而调整，并注意能量蛋白比的适度，促使鸭群尽快达到产蛋高峰。达到高峰期后要稳定饲料种类和营养水平，使鸭群的产蛋高峰期尽可能保持长久些。此期内白天喂 3 次饲料，晚上 9~10 点再加喂饲料 1 次，任蛋鸭自由采食，一只蛋鸭一天的耗料量约是 150 克。此期内光照时间逐渐增加，到产蛋高峰期自然光照和人工光照时间应保持在 14~15 小时。在 210~300 日龄期内，每月应空腹抽测母鸭的体重，如果超过或低于此时期的标准体重的 5%，需要进行检查，并且调整日粮中的营养水平。

2. 产蛋中期 此期内的鸭群因已进入高峰期产量并已持续产蛋 100 多天，体力消耗较大，此期内的营养水平要在前期的基础上适当提高，日粮中粗蛋白质的含量应达 20%。并注意钙量的增加，可以在粉料中加入 1%~2% 颗粒状的壳粉，或者将壳粉单独放进料槽里，供蛋鸭自由采食，并且适量喂给青绿饲料或添加多种维生素。光照时间保持在 16~17 小时。要注意观察蛋壳质量有无明显变化，产蛋时间是否集中，精神状态是否良好，洗浴后羽毛是否沾湿等，以便及时采取相关措施。

3. 产蛋后期　蛋鸭经长期持续产蛋之后，产蛋率将会不断下降。此期内如果管理得当，鸭群的平均产蛋率仍然可以保持在 75%~80%。这一时期如果鸭有增肥的趋势，应该适当地减少日粮中的能量水平，或适量增加青绿饲料，或控制其采食量。如果鸭群产蛋率仍维持在 80% 左右，而体重有所下降，则应增加一些动物性蛋白质的含量。如果产蛋率已下降到 60% 左右，应及早淘汰。

第七节　鹅的饲养管理　　　　　　　　　>>>

（一）雏鹅的饲养管理

（1）防湿保温　育雏室的温度应保持第 1 周为 28~26℃，第 2 周为 26~24℃，第 3 周为 24~21℃，第 4 周 21~18℃，此后可脱温。掌握温度原则为小群略高，大群略低；弱雏略高，强雏略低；夜间略高，白天略低。相对湿度在 60%~70%。

（2）密度和分群　每平方米的饲养密度是 1 周龄时为 10~15 只，2 周龄 8~10 只，3 周龄 6~8 只，4~6 周龄 4 只，7 周龄以后 3 只。根据雏鹅的大小、强弱进行分群饲养，一般每群 80~100 只，对弱群要加强饲养管理，提高整齐度。3 周龄后可并群饲养，每群

300~400 只。

（3）光照时间和强度 雏鹅 1 周龄时需要进行 24 小时光照，光照强度是每平方米 5 瓦灯泡，灯泡高度离地面 2 米；2 周龄 18 小时光照，光照强度为每平方米 3 瓦灯泡；3 周龄 16 小时光照，光照强度为每平方米 2 瓦灯泡；4 周龄起自然光照，为便于管理夜间可弱光照明。

（4）开饮和开食 雏鹅出壳一天一夜或者发现有 2/3 雏鹅想要进食时，可以先开饮，再开食。水温以 25℃ 左右为宜，饮水可用 0.05% 高锰酸钾水或 5%~10% 葡萄糖水等，也可用清洁饮用水。开食在开饮半小时后进行，可用半生半熟的米饭（用冷开水洗去黏性）加切细的嫩青绿饲料，撒在小料槽内或者塑料布上，使雏鹅自由采食。

（5）舍饲 日喂次数为 1~2 日龄喂 6~8 次，3~10 日龄喂 8 次，11~20 日龄喂 6 次，其中夜间喂 2 次，20 日龄以后喂 4 次，其中夜间喂 1 次。饲料配比为 10 日龄前精饲料与青饲料的比例是 1∶2~1∶4，采用先精饲料后青饲料的饲喂方法；10 日龄以后，精饲料和青饲料的比例是 1∶4~1∶6。青料精料可混合喂，精料可用小鸡料，自配料应添加矿物质补充磷、钙。

（6）放牧与放水 春季雏鹅在 1 周龄后就可以放牧和放水，冬季要 2 周龄左右。第一次放牧以及放水应该选择晴朗的天气，放牧后再放水，放牧的时间不应该超过 1 小时，放水的时间不超过 10 分钟，放水后要待羽毛干后才可将雏鹅赶入鹅舍。随着其日龄的增大，逐渐延长放牧和放水时间。3 周龄后，天气晴暖，可整天放牧。为满足营养需要，应适当补饲精料。

（二）后备种鹅的饲养管理

后备种鹅指的是大于 70 日龄，产蛋或者配种前期，作为种用的鹅。

1. 生长饲养阶段　青年鹅 80 日龄左右开始换羽，经 30~40 天换羽结束。此时的青年鹅仍处于生长发育阶段，不应该过早地饲喂粗食，需要根据放牧场地草的质量，慢慢降低饲料的营养水平，促使青年鹅的体格发育健全。

2. 控制饲养阶段　后备种鹅经第二次换羽之后，应该供给充足的饲料，经过 45~55 天便开始产蛋。此时，鹅的身体发育还没有完全成熟，鹅群内的个体之间发育不齐、开产期不相同。因此，需要采取控制饲养措施来调节母鹅的开产期，使鹅群比较整齐一致地进入产蛋期。公鹅第二次换羽后开始产生交配行为，为使公鹅充分发育成熟，120 日龄起，公、母鹅应该分群饲养。

在控制饲养的过程中，需要逐渐降低饲料的营养水平，每天饲喂次数应从 3 次降到 2 次，尽量延长放牧时间，逐渐减少每次喂料量。控制饲养阶段，母鹅的日平均饲料用量一般比生长阶段减少 45%~55%。饲料中可以适当添加填充粗料（如粗糠），锻炼鹅的消化能力，扩大食管内的容量。将后备种鹅放到质量好的草地中进行放牧，就可以少喂或者不喂精料。体质比较弱的鹅和受伤或者残疾的鹅要及时从鹅舍挑出来，单独饲喂和护理，让其尽快恢复，回到鹅群。

3. 恢复饲养阶段　控制饲养之后的种鹅，必须在开产前 25~35 天进入恢复饲养阶段。恢复饲养阶段必须逐渐增加喂料量，让鹅逐渐恢复体力，促进生殖器官发育，补饲定时不定量，饲喂全价饲料。

在开产前，要给种鹅服药驱虫并做好免疫接种工作。根据种鹅免疫程序，及时接种小鹅瘟、鹅副黏病和禽流感的预防疫苗。

四季鹅中母鹅的赖抱性和血浆促乳素水平的升高有关系。抱窝期的母鹅，其血浆促乳素在初期急剧上升，至中期最高，接近雏鹅出壳时下降，出壳后仍维持一定水平，至休产期才降至低水平。

（三）产蛋鹅的饲养管理

在管理过程中，产蛋期的母鹅行动比较迟缓，在放牧时应该跟随母鹅而走，不能轰赶母鹅。尽量少走坡地与高低不平的路，以防造成其腹内与输卵管内出血导致腹膜炎等；及时收集种蛋，放牧时发现有的鹅有产蛋表现，如不愿随群、高声叫、行动不安、寻巢等应及时赶回舍内或抱回鹅棚里让其产蛋，尤其是应该注意观察初产阶段的母鹅，以防其生产野外蛋以及水中蛋。鹅在产蛋期间的光照时间，每天不应少于 13 小时，产蛋高峰期应保持 15~16 小时光照。

产蛋期鹅的喂养应以舍饲为主，放牧为辅。日粮配合比例大致为谷物类 60%~70%，糠麸类 10%~15%，饼类 10%~15%，矿物质饲料 4%~5%，填充料（草粉）10%~15%。饲喂时除了自由采食青料，大型鹅种每只鹅每次喂料 150~180 克，小型鹅种每只鹅每次喂料 100~130 克，日喂 3 次。喂料时应定时定量，先粗后精。早上放牧至 10 点回舍喂料，喂后在水边阴凉处休息，并投饲青料，下午 2 点时加喂 1 次料，3 点以后进行放牧，黄昏回鹅舍时喂第 3 遍料。

（四）休产期种鹅的管理

鹅的产蛋期一般只有 6~8 个月，还有 4~5 个月都是休产期。特别在南方，每年的 6~9 月基本全部停产。在休产期，鹅不产蛋，只会消耗饲料，在管理上，应以放牧为主，不要饲喂精料，让其自由觅食青草，这时候还可以适当进行人工拔毛，以增加经济收入。

家禽的疾病防治 〉〉〉

(一) 鸡的马立克病

1. **症状** 患病鸡常常出现消瘦、贫血、衰弱、没有食欲、恶臭和稀软粪便、羽毛粗乱没有光泽并且容易脱落等现象。某部位神经受侵害时，则发生局部不完全麻痹，如一侧坐骨神经发病，则该侧的脚呈现一定程度的麻痹，站立不稳或者呈现劈叉状的一脚向前踏，一脚向后撑。难于行走，终到完全麻痹，卧倒在地上。当臂神经麻痹时，则翅膀下垂；颈神经受害，则头颈下垂或者歪斜。皮肤也会受到侵害，容易在其上生出大小不等、数量不定的肿瘤。如果眼部发病，则可出现白斑和白翳，瞳孔缩小，边缘不整，以致视力丧失。

2. **防治** 目前没有药物可以治疗该病，只能使用疫苗进行预防。疫苗分为单价疫苗以及多价疫苗，一般在1日龄做颈部皮下接种。

多价疫苗虽然在效果上比单价疫苗优越，但是多价疫苗也有明显的不足。首先是不能冻干；其次马立克病毒Ⅱ病毒对禽白血病病毒有明显的激发作用，如果使用含有Ⅱ型马立克病毒的双价疫苗或者三价疫苗，可使淋巴白血病的发病率得到显著提高。

必须指出的是，现有马立克疫苗在接种后最早的也需要1周以

上才能产生保护力，因此，在接种之前必须针对雏鸡采取严格的卫生措施，如进行隔离饲养等。实验证明，用马立克病毒强毒分别感染 1 日龄和 50 日龄的鸡，两组发病率分别为 73% 和 6%，由此，亦可见保护雏鸡的重要性。

目前还没有发现马立克病可以对人类的身体健康产生危害，虽然是这样，在日常生活中，如果发现有肿瘤病变的鸡仍应废弃，不要食用。

（二）禽流感

禽流感是由 A 型流感病毒引发的一种感染或者疾病综合征。禽流感病毒具有抗原性变异频率高的特点。

1. 症状　鸡禽流感的症状受到其年龄、性别、种类，病毒毒力、并发感染以及环境因素的影响。主要表现为呼吸道、肠道、生殖或神经系统的异常。一般来讲，没有特征性症状。鸡的主要症状有眼睑周围出现水肿、流泪、结膜充血、喘鸣音与咳嗽、鸡冠和肉垂变得肿胀、鸡冠坏死并且出血、脚鳞变紫、食欲减退、绿色下痢，还表现出两翅下垂、颈部扭曲、抽搐等神经症状。

2. 防治　目前还没有确定可以特异性治疗的方法，因此如果发病，应该迅速做出诊断，封锁鸡群进行隔离和消毒是根除此病的唯一方法。盐酸金刚烷胺和盐酸金刚乙胺对预防人类流感有效，已经被证明可以预防鸡流感，因该药残余有毒物质，因此对食用禽类禁用。为了减轻鸡呼吸困难问题，其他治疗都是支持性的。应用抗生素治疗可以减轻霉形体和细菌的并发感染的影响。

因为禽流感病毒中含有多样性的抗原，因此必须使用同一种抗原性的病毒来制作疫苗，不过目前世界各国尚未正式使用。

（三）鸭瘟

鸭瘟又叫鸭病毒性肠炎，是鸭瘟病毒引发的一种急性、热性以及高死亡率的传染病，其临床症状是高热、软脚、流泪、下痢、排绿色稀粪。有一部分病鸭的头颈肿大，故俗称"大头瘟"。

1. 症状　鸭瘟的潜伏期是 2～4 天，发病初期的体温约为 44℃，呈现稽留热型。患病鸭精神萎靡，头颈缩起，食欲降低，喝欲增加，两腿发软，步态蹒跚，常常卧地，难于行走，如果强制驱赶，容易造成鸭两翅扑地而行。发病鸭不  愿意下水，如果强迫其入水，也不愿游动，并挣扎回岸。病鸭眼周湿润、流泪，有的附有脓性分泌物，把两眼黏合，部分病鸭颈部变得肿胀。患病鸭下痢，粪便为稀软的绿色或者灰白色，肛门周围的羽毛容易被粪便污染，常附有粪便积块。泄殖腔黏膜充血、出血、水肿，严重时黏膜松弛外翻，黏膜表面附有黄绿色的假膜，不容易脱落。

患病鸭发病后期体温会下降，体质变得衰竭，不久便会死亡。急性病期是 2～5 天；慢性病例一般在 7 天以上，有少数鸭存活，表现消瘦，生长发育不良，角膜浑浊，严重时，会生出单侧性溃疡性角膜炎。蛋鸭产蛋数量急剧变少，减产超过 60% 甚至停止产蛋。

2. 防治　在治理鸭瘟时可以使用抗鸭瘟高免血清实现早期的治疗，对每只患病鸭进行肌肉注射 0.5～1 毫升，有一定疗效。目前还没有特效治疗药物，控制和扑灭此病主要通过加强综合防治措施，接种鸭瘟疫苗进行预防的方式实现。

（四）鹅副黏病毒病

鹅的副黏病毒病是我国近年流行起来的一种由鹅源禽 I 型副黏病毒引起的鹅的烈性传染病。本病于 1997 年最先发生于我国华南地区，而后江苏、浙江、辽宁以及吉林等地区也相继发生，现在已经在全国大部分地区发生，全国范围内流行。该病发病率和死亡率较高，使养禽业蒙受了较大的损失。

1. **症状** 患病鹅发病初期主要表现为采食量、饮水量减少，精神萎靡，强制其饮食时会甩头吐出；拉白色稀粪或水样腹泻，部分病鹅时常甩头，并发出"咕咕"的咳嗽声。随后，粪便呈水样、黄色或者绿色，严重时消瘦、脱水，两翅下垂，双腿无力而蹲伏在地上，不愿意行走。发病后期有扭颈、转圈、仰头等神经症状，病鹅极度衰弱，浑身打战，眼睛流泪，眼眶及周围的羽毛容易被泪水浸湿，有时候鼻孔中也会流出清亮的水样的液体，呼吸困难，头和颈部颤抖，喙与掌部发紫等症状，多数在发病后 3~5 天死亡，也有少数急性发病鹅无明显症状而在 1~2 天就会死亡。

2. **防治** 引进雏鹅时不能选择疫区内的鹅，如果从疫区引种，必须给雏鹅注射鹅副黏病毒油乳剂灭活苗，每只 0.3 毫升，15 日龄以上，每只 0.5 毫升。并切实做好引种鹅群的隔离消毒工作。

在平时，应该加强鹅群的饲养管理，及时调整鹅群的饲养密度，同时注意做好环境卫生工作，经常消毒鹅舍及用具，对已发病的鹅群，全场清除粪便、污物，彻底消毒，对病死鹅要做深埋处理。

（五）禽霍乱

鹅的禽霍乱又叫巴士杆菌病或者禽出血性败血症，简称禽出败，是一种因多杀性巴士杆菌引发的鸭、鹅等禽类传染病。育成禽和成年产蛋禽多发，并以营养状况良好、高产的禽易发。病禽、健康带菌禽或者康复禽都容易引发该病，特别是慢性病禽，如果留在禽群中，往往导致该病复发或者新禽群暴发。

1. 症状　根据不同的发病类型，鹅的禽霍乱可分为三种类型，即最急性、急性以及慢性。

最急性型：常发生于该病的流行初期，特别是成年产蛋禽易发生最急性病例。该型最大特点是鹅没有表现出任何临床症状就突然死亡。

急性型：此型在流行过程中占较大比例。病禽表现精神沉郁、不食、呆立，羽毛蓬松，从口中流出黏性或者浆性的液体。禽冠以及肉垂呈现紫色发绀。患病鹅下痢，病程周期短，1~2天后死亡。

慢性型：在流行后期或本病高发地区可以见到。有的则是由急性病例不死转成慢性。病禽精神和食欲时好时坏，有时候会下痢。常见鹅体的某一部位异常，比如一侧或者两侧的肉垂肿大；腿部关节或趾关节肿胀，病禽跛行；有的有结膜炎或鼻窦肿胀。有时见有呼吸困难，鼻腔内产分泌物，一般病鹅1~2周后就会死亡。

2. 防治　平时应该加强鹅群的饲养管理，严格执行鹅场兽医卫生防疫措施，采取全进全出的饲养制度，预防本病的发生是完全有可能的。一般从未发生本病的禽场可不进行疫苗接种。禽群发病后应该马上采取相关治疗措施，如果有条件可以使用药敏试验选择一种有效的药物治疗鹅群。磺胺类药物、红霉素、庆大霉素、诺氟沙星（氟哌酸）、喹乙醇等均有较好的疗效。在治疗过程中，剂量应该充分，疗程安排合理，如果发现鹅群死亡量明显减少，可继续喂药2~3天，巩固治疗，防止复发。与此同时要妥善处理病尸，做到无害化处理，避免人为地传播本病。加强禽场的兽医防疫措施，做好鹅舍内外的消毒工作，可帮助及早控制该病发生。

对高发地区或禽场，药物治疗效果日渐降低，本病很难得到有

效控制，可考虑用疫苗进行预防。但是疫苗的免疫时期短，没有非常理想的防治效果，因此，如果有条件，可在鹅场内分离细菌，鉴定合格后，制作自家的灭活疫苗，对鹅群进行定期注射，通过实践证明，经过1~2年的免疫，可以有效地控制该病。

第六章
水产类的养殖

第一节 优良的水产品种 >>>

一、淡水养殖品种

1. 鳜鱼 鳜鱼又称桂花鱼、季花鱼、鳌花鱼等,名贵鱼类之一。鲈形目,鳕科,鳜鱼属,其品种多样,有长体鳜、大眼鳜、鳜鱼、斑鳜、暗色鳜五种。以鳜鱼生长最快,其次是大眼鳜。鳜鱼肉质细嫩、厚实、少刺,营养丰富,深受广大消费者喜爱。由于鳜鱼天然资源少,而国内外市场广阔,货源紧缺,市售价较高,因此引起养殖者的重视。由于鳜鱼人工繁殖技术研究的成功,鱼苗供应得到了保证,目前鳜鱼养殖业有了新的发展。

2. 鲢鱼 鲢鱼又叫鲢子、白鲢。鲤形目,鲤科的鲢亚科,鲢鱼属。鲢鱼头大,体长而侧扁,鱼体背部呈灰黑色,两侧及腹部呈银白色。膜棱从胸鳍基部直达肛门。鳃耙细密,其外覆海绵状膜状组织。鱼鳞圆且鳞片细小。

鲢鱼具有活泼的性情,极喜欢跳跃,也是淡水中的大型鱼类,最大的个体达20~30千克。鱼苗最初摄取的食物是浮游动物,分别为轮虫、无节幼体以及小型枝角类和桡足类,因此前一阶段以小型浮游动物为主食。以后随着鳃耙的发育,鳃耙由稀到密,鳃耙间隙长出薄膜,肠管增长。此时摄食浮游植物的数量逐渐超过浮游动物，在鳃耙最后形成海绵状微孔的膜状组织，成为聚集藻类的滤食器时，就终生以摄取浮游植物为食。

鲢鱼

鲢鱼同样还能滤食到适合其胃口的配合饵料颗粒，因此如果水体水质条件较差的话，网养鲢鱼时，可适当补充一部分人工饵料，能改善饲养效果。但一般因饵料流量过大，得到的效果不十分理想，所以完全采用给食式来养殖是不合适的。

鲢鱼肉虽然味道一般，但是生长快，种苗的问题容易解决，而且其环境适应能力强，可以利用水域中剩余的自然饵料进行滤食式网箱养殖。鲢鱼是我国池塘养殖和湖泊、水库配套网箱养殖鱼种的重要养殖种类。

3. **鲟鱼** 鲟鱼属于辐鳍亚纲，硬鳞总目，鲟形目。鲟鱼作为古老的食用和游钓鱼类，有很高的经济价值。最近十几年，我国的湖北、辽宁、北京、广东、福建、江苏、上海、浙江、山东、四川等地先后开展了鲟鱼人工养殖。

鲟鱼属于一种古老的硬骨鱼类，起源于2亿年前，有着"活化石"的美称。当今世界现存的淡水中养殖并且人工繁殖过关的有史氏鲟、匙吻鲟、俄罗斯鲟和西伯利亚鲟等品种。

4. **鳙鱼** 鳙鱼，即人们口中常说的胖头鱼、花鲢、黄鲢。属鲤形目，鲤科的鲢亚科。体长而侧扁，具有黄黑色斑点，头特大。腹棱短，从腹鳍基部起延至肛门。圆鳞，鳞片细小。鳙鱼的胸鳍长，其末端能超过腹鳍的基部。鳃耙细而密，但是鳃耙的外面没有海绵状鳃膜。鳙鱼为淡水大型鱼类，最大的个体可达50千克以上。

鳙鱼在自然条件下，能在大江河川中产卵并繁殖，人工控制条件下可顺利获产，种苗易解决。鱼苗阶段以轮虫、无节幼体及小型枝角类、桡足类为食，其食性类似于鲢鱼。鳙鱼长大后会终生以浮游动物为主食，以轮虫、无节幼体、枝角类和桡足类为主要食物种类。

鳙鱼是湖泊、水库、河道等水域的主养鱼类，也是网箱养鱼的对象之一。它和鲢鱼均属滤食性鱼类，在采用网箱饲养时，天然水域中的浮游生物为其主要食物。

鳙鱼

5. 黄鳝　黄鳝属鱼纲，合鳃目，合鳃科的黄鳝亚科。地方名鳝鱼、长鱼、罗鳝、田鳗、"无鳞公主"等。黄鳝在全国各地的湖泊、河流、水库、池沼、沟渠等水体中均分布广泛。除了西北高原地区，各地区均有记录，特别是珠江流域和长江流域，更是盛产黄鳝的地区。

黄鳝是黄鳝亚科种类中目前唯一发现的一种，市场上出现的所谓"特大鳝种""泰国大鳝种"等，纯属虚假品种，切莫上当。

6. 鲤鱼　鲤鱼又称红鱼，属鲤形目，鲤科的鲤亚科。其鱼体形似纺锤，背部隆起。鱼体的颜色随生活环境而异，通常背部灰黑，两侧暗黄，头较小，口部具有两对触须，背鳍和臀鳍最长的硬棘后缘长有锯齿，鳞圆。

鲤鱼属底层鱼类，为淡水大型鱼类之一，最大个体重达 10~15千克。食饵以螺、蚬类为主，同时也食底栖水生昆虫，人工饲养时，可与饲料配合喂养。鲤鱼的分布广，在世界各地均能见其踪影，是目前世界上养殖最普遍的种类之一。它生长快，肉味也美，苗种来源容易解决，鲤鱼是杂食性品种，对饵料的要求不高，其抗病能力强，适合在池塘及网箱养殖。

鲤鱼

鲤鱼对环境的适应性强，且分布广。各地多见地方种和亚种，华南鲤、杞麓鲤、镜鲤、红鲤是最常见的品种。除去上述几种鲤鱼的品种，通过杂交出现了许多杂交种，有的已大面积推广，如丰鲤、岳鲤、荷元鲤等。

7. 河蟹　河蟹又叫毛蟹、螃蟹，属甲壳纲，十足目，方蟹科，绒毛蟹属。河蟹是我国有名的淡水蟹，长江水系的品种具有个体肥大、鱼肉质感细而嫩、味道鲜美、营养丰富的特点。

河蟹在一生中有 5 个发育时期：卵、蚤状幼体、大眼幼体、

河蟹

幼蟹和成蟹。在不同的发育时期，河蟹栖居的习性会随发育时期而改变。蚤状幼体阶段的河蟹，需要在半咸水或海水的环境里生活，过着浮游生活；蚤状幼体变为大眼幼体后，河蟹即进入蟹苗阶段，此时能离开海水环境，生活在淡水水域中；河蟹从大眼幼体成为幼蟹后，一直到长大成蟹，其主要的生活方式为底栖穴居。

8. 淡水龙虾　淡水龙虾学名克氏螯虾，原产美国，现已广泛分布于长江中下游。它属于温热带淡水虾类，其适应能力强，食性杂，生长快，繁殖率高，抗病，耐高温，耐低氧。因此养殖的优点

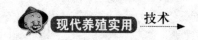

很多，也深受消费者的喜爱。

9. **日本沼虾** 日本沼虾俗称青虾，属于节肢动物门，甲壳纲，十足目，长臂虾科。日本沼虾营养极丰富，肉嫩味美，是一种深受人们喜爱的水产品。日本沼虾在我国分布很广，它的主要特点是：适应能力强、分布范围广、杂食性、生长快、繁殖力强等。目前，淡水虾的需求量在国际市场上越来越大，因此，养殖日本沼虾具有非常可观的经济价值。

10. **罗氏沼虾** 罗氏沼虾与日本沼虾的属性相同，同属长臂虾科，沼虾属。罗氏沼虾是世界上个体最大的淡水虾之一，生长快、肉质好、易养殖等是其主要特点，非常具有发展前途。罗氏沼虾的销路在国内外市场都很不错，具有非常可观的发展前景。

11. **中华鳖** 中华鳖又叫团鱼、甲鱼、脚鱼、老鳖、水鱼，隶属鳖科，鳖属。国外主要分布于越南、日本等地；中国除宁夏、新疆、青海、西藏，其余各省份均有分布。其主要特征是背甲呈现橄榄色，不规则的条纹或黑色小斑点散布其上。腹甲为白色，三角形头部，顶部有小黑点。中华鳖于淡水池塘、河、湖泊中生活，生性喜静怕惊。食性杂，喜食鱼、虾、螺、蠕虫及水生植物。

二、海水养殖品种

1. **石斑鱼** 石斑鱼是石斑属鱼类的统称，在海南、广东、广西等地区将其称为过鱼、绘鱼和石斑，我国台湾、福建、浙江称其为过鱼、国鱼和贵鱼。石斑鱼分类学上隶属于鲈形目，鲈亚目，鳍科。石斑鱼的种类繁多，已记录的在全世界就有 100 多种，在我国记录的有 36 种，主要养殖种类是：赤点石斑鱼、青石斑鱼、巨石斑鱼、鲑点石斑鱼。石斑鱼是暖水性、岛礁性鱼类，主要分布在印

度洋和太平洋的热带、亚热
带海域，国内的分布主要是
在南海和东海南部。

赤点石斑鱼

2. 罗非鱼　属罗非鱼
类，为热带鱼。我国在 1980
年从泰国引进了尼罗罗非鱼，随后将其与莫桑比克罗非鱼杂交，获
得优势后代，取名福寿鱼。它比"双亲"生长更快，专家们挑选白
色的变种进行杂交，致使其后代变成了红色。我国台湾、香港、澳
门称其为金鲷，或将红罗非鱼称为"珍珠鱼"。

3. 鲻鱼　鲻鱼属鲻形目，鲻科。辽宁、河北俗称其为白眼，
浙江、福建俗称其为乌鲻、乌头、乌仔鱼、青头，广东、广西俗称
其为乌头鲻、青鲻、鲻鱼。鲻鱼分布广泛，在大西洋、印度洋和太
平洋均能见其踪影。在我国的沿海地区均有生产，尤其以南方沿海
居多，并且鱼苗资源极为丰富。

鲻鱼是人类历史上最早被作为海鱼养殖的对象之一。目前，养
殖鲻科鱼类在当今市场大有前途，因此在全世界范围内受到普遍重
视，全世界养殖和正在试养的种类约 20 种。我国养殖鲻鱼历史悠
久，400 多年前，黄省曾著作的《鱼经》一书就已经将松江人养殖
鲻鱼的情况进行了记载。1977 年 10 月，全国海水鱼养殖技术协作
会议上，鲻类再次被确认为海鱼养殖的主要对象。在我国南方广为
养殖的是鲻鱼、粗鳞鲛、棱鲛、鲛等几种鲻科鱼类，其中以鲻鱼的
养殖最为普遍。在我国北方则以梭鱼为咸淡水鱼类人工养殖的主要
对象。

4. 虹鳟鱼　虹鳟鱼亦称红鳟鱼，鱼体形似纺锤，头小，刺小，
肉多，虹鳟鱼在性成熟时，其身体的两侧沿着侧线有两条棕红色对
称纵行条纹，宛如天上彩虹，鲜艳夺目，故得名虹鳟或红鳟，由于

其肉质鲜而厚，整条鱼都很丰满且肥硕，可食用的部分占其体重的86.6%，一向被列为国际高档的商品鱼。我国在贵州省安顺市龙宫虹鳟鱼养殖试验场以及北京、山东等地有专门养殖，并且向国内外的大型海鲜酒店供应。

真鲷

5. 真鲷 真鲷属于鲈形目，鲷科，在我国的北方将其俗称为加吉鱼，江浙称其为红加吉，福建称其为加拉鱼，两广和海南称其为红鲍。真鲷为近海温水性底层鱼类，分布于印度、中国、日本、菲律宾、朝鲜以及大洋洲的西岸。在我国的各个海区均有养殖，尤以黄海、渤海的产量最大。

真鲷体色鲜艳，肉质鲜美，真鲷的每100克肉含有蛋白质19.3克，脂肪4.1克，是名贵的食用鱼。在日本，真鲷养殖非常广泛，养殖产量仅次于鲫鱼。在我国，真鲷也是南、北方沿海地区广泛养殖的对象。

龙虾

6. 龙虾 龙虾生得粗且大，全身都披着坚硬的甲壳，并且长着很多尖锐的刺，龙虾生有两条长而且带刺的触鞭和五对粗壮的脚，体表呈草绿色，步足有黄、黑色环带相间，腹肢及尾扇末端呈橘黄色（日本龙虾的体表呈现暗紫色或暗褐色），头胸部和腹部是其身体的两大部分。龙虾体长 20~40 厘米，体重一般在 0.5 千克，最大的可达 4 千克以上，故有"虾中之王"之称。中国龙虾、锦绣龙虾、花龙虾，还有进口的澳洲龙虾是其主要品种。

7. 锯缘青蟹 锯缘青蟹属于节肢动物门，甲壳钢，十足目，梭子蟹科的梭子蟹亚科，俗称青蟹。锯缘青蟹生活在温水性的浅海中，分布范围广，主要见于印度、日本、澳大利亚、新西兰、南非等地的海域。我国海南、广东、广西、福建、台湾、浙江等省沿海地区均有分布。

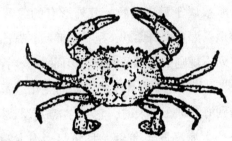

锯缘青蟹

锯缘青蟹的个体硕大，成体的锯缘青蟹体重 0.2~0.5 千克，其肉味鲜而美，营养价值高。据分析，每 100 克可食部分含蛋白质15.5 克，脂肪 2.9 克，糖类 8.5 克，钙 380 毫克，磷 340 毫克，铁10.5 毫克，还含有多种维生素。全蟹的可食率达到 70% 左右。据《本草纲目》记载，蟹具有解结散血，愈漆疮，养筋益气之功效。蟹壳干燥研细后，可用作畜禽的饲料，也可以用作肥料。胶状含氮多糖物质是蟹壳的主要成分，在经过加工处理后可制成可溶性甲壳质，广泛用于纺织、印染、人造纤维、医药、塑料工业、木材加工、造纸、调味等。

8. 牡蛎 牡蛎的营养丰富且味鲜，被世人所重视。牡蛎具有又大又坚厚的壳，多呈现圆形、长卵圆形或三角形。右壳略扁平，

表面环生平直的薄鳞片，由于种类不同，壳面有灰色、青色、紫色或棕色、褐色。

9. 扇贝　扇贝在分类学上属于软体动物门，瓣鳃纲，异柱目，扇贝超科，扇贝科。扇贝的闭壳肌肥大，营养丰富且味道鲜美，"干贝"是其干制品，亦是名贵的海珍品。制作"干贝"剩下的软体部称为"干贝边"，也是美味的食品。根据国外对扇贝药用价值的研究报道，扇贝韧带的浸出物可治疗癌症，其卵巢对白血病有较高的疗效。扇贝的贝壳可以做贝雕的原料和烧石灰。

10. 海参　海参属于棘皮动物。其外形有的像苦瓜，有的像丝瓜，有的则像黄瓜。海参全身柔软，呈长圆筒状，背面隆起，有4~6行大小不等、排列不规则的圆锥形肉刺。腹面平坦，管足密挤，形成3条不规则的纵带。其体色随着环境的不同而变化。海参有自溶的功能，因此如果捕到海参加工不及时，它会自溶成胶状液体。

11. 三斑海马　海马属于鱼纲、月鱼目、海龙科的海产鱼类。一般分布于热带和亚热带，在太平洋、印度洋、红海、黑海等沿海国家和地区均有分布。在我国由南到北的沿海地区也有产出。文献记载的海马共有8种，常见的有6种，其中我国养殖的种类有4种。我国主要养殖的是产于南海和东海的三斑海马、大海马和产于黄渤海的日本海马等几个品种。

海马无多大食用价值，但其药用价值颇高。我国将海马列为名贵的中药材，在各大药房的橱窗常有陈列，《本草纲目》中提到海马可"暖水脏、壮阳道、消瘕块、治疗疮肿毒"。现代中医对它的评价是具有"补肾壮阳、镇静安神、散结消肿、舒筋活络、止咳平喘、止血催产、治男女不育不孕之症"等功效，故有人称海马为"南方人参"。我国每年用海马制药所需干品约5吨，大部分靠进口。

三斑海马

第二节 淡水养殖技术 〉〉〉

一、淡水鱼的养殖

(一)淡水鱼类的生长与繁殖

鱼类的生长具有一定的规律性,鱼类在性成熟的前期,生长速度快,在其性成熟后生长速度会逐渐减慢。在从鱼苗到成年鱼的生长过程中,随着时间的推移,鱼的绝对生长速度(日增重)则会逐渐增大,相对的生长速度(日增重占体重的百分率,也称为日增长率或日增重率)则会逐渐下降。主要养殖鱼类鱼苗的相对生长速度通常是下塘前 3~10 天最大,日增长率为 15%~25%,其日增重率

117

为30%～57%，在此以后，其相对生长的速度会逐渐减小。而青鱼、草鱼、鲢鱼和鳙鱼一般在孵化后到第3～4年绝对生长速度最大；2岁的鲤鱼、鲫鱼、鳊鱼和鲂鱼绝对生长速度最大。影响鱼类生长的因素有：

（1）性别　多数雄性鱼比雌性鱼的性成熟早，并且雄性鱼的生长高峰会提前结束。因而，雄性鱼体格比雌性鱼小。

（2）饵料　当饲养密度和水质一定时，在使用数量适宜和质量良好的饵料的情况下，鱼类的生长速度快；使用数量少和质量差的饵料，鱼类的生长速度慢。应当注意的是，投入饵料过多时，会导致水体的富营养化。当水体富营养化后，其结果会造成水体浮游生物过分生长，导致水体缺氧而使鱼类死亡。

（3）密度　在水质和饵料一定的条件下，如果鱼类的养殖密度越大，那么其生长的速度则会越缓慢。这主要是随着养殖密度的增大，鱼类对饵料和溶解氧等资源的竞争越来越激烈，鱼类因为无法获得充足的食物以及其他适宜的环境条件而会被限制生长。

（二）淡水养鱼鱼苗的选择

各种鱼类都需有其特定的生长条件和生活环境，因此并不是所有的鱼类都适合网箱养殖。所以要从生长快，肉味美，苗种容易解决，饵料来源广泛，适应性强，且能够在密集状态下做集约式养殖等多个方面进行综合考虑其适宜的养殖方式。

1. 生长快、周期短　淡水鱼类能在当地水域中顺利生长，并且其生长发育的速度极快，养殖的周期也短。一般经过一个养殖周期饲养后产品即可上市，无需做跨年度的续养。

2. 肉味美、价格高　淡水鱼类作为养殖对象，其肉味必须鲜美，这样才能有更高的价格，从而获得更高的利润。

3. **苗种来源广** 淡水鱼类的苗种不仅要容易解决，而且来源也要广，在寻找鱼苗时，不需要花费高额费用和较长时间用于种苗的采购和运输。所选养殖种苗最好能通过自行繁殖解决。

4. **饵料来源容易解决** 作为淡水鱼类的养殖对象，其种类的食性必须要广，饵料来源也要容易解决，如果网养的对象能适应配合饵料养殖则为最佳，这样才能降低饲养成本。

5. **环境适应性强** 养殖对象如果能适应高密度集约化养殖，通常要耐低氧，而且对水质的要求也不严，能在常温条件下自然越冬则最好。

6. **抗病能力强** 作为淡水鱼类的养殖对象，所养的鱼类应该能对各种细菌、寄生虫的感染率低，不仅生长要快，成活率也要高。

罗非鱼苗

(三) 鱼苗的放养

养殖水域以及鱼苗都准备好后，就可以进行放养了。其方法是先将鱼苗放在盛器内，等到鱼苗活动正常后，泼洒蛋黄水（煮熟的鸭蛋或鸡蛋蛋黄，用2层纱布裹住，在盛器内漂洗），让其饱食（肉眼可以看见鱼苗消化道中显出一浅黄色线条），10~20分钟以后，就可以在上风处放苗。放苗时，将盛器倾斜放入池水，缓慢倒出，用手拨散鱼苗。

养殖的数量一般根据出池规格的大小而定。如果培育3.3厘米左右的夏花，每667平方米的水面养殖15万尾；如果一次培育7厘米以上鱼种，每667平方米养殖8万~10万尾；如果需要在短时

间内将 10 厘米以上鱼种一次养成，那么每 667 平方米的水面就要以养殖 5 万~7 万尾为宜。如果采取三段培育，一般先按每 667 平方米水面 20 万~30 万尾的量养殖水花鱼苗，培育 10~15 天，待鱼苗长达 2 厘米左右时分出；然后再按每 667 平方米 3 万~5 万尾的养殖量，养 10~15 天，达到夏花规格再分出，进行鱼种培育。如果池塘条件好，饵、肥料数量多且质量优，混养的日期早，培育的技术水平高，那么养殖的密度就可以偏大一些。

二、淡水河蟹的养殖

（一）湖泊围栏养蟹技术

湖泊围栏养蟹其实是在湖泊围栏养鱼的基础上发展起来的。从围栏的材料划分，则可以分为围网养蟹、围箔养蟹和网箔结合养蟹等形式；从喂养角度来分，可分为粗养、精养、半精养等形式。以下五个方面是其技术的主要组成部分。

1. 围栏场地的选择　围栏养蟹是一种利用湖泊优越的生态环境，从而使河蟹能够顺利生长成商品规格的养殖形式，因而选择围栏场地尤为重要。一般认为，围栏场地（围栏区）应具备如下条件：水质清新，水流通畅，其中无工业废水污染，以及溶氧含量较高；水草丰富，其覆盖率不低于 20%，且底栖动物密度较大；水深适宜，常年水深 1~1.5 米，水位落差较小，若水位落差较大时，则应优先考虑预备水位升起时使用的网片；入水口少，借以防止洪水季节泛湖，干旱年份至少保持 1 米水位，并且往来船只不能太多。

2. 围栏设施的建设

（1）面积与形状　围栏养蟹的面积没有严格的规定，一般应该根据湖泊的情况、投资的能力、饲料以及管理水平等情况灵活掌握。若进行人工投喂养蟹，面积以 10~30 亩（1 亩＝666.7 平方米）为宜；如若面积过大，就不容易管理，还会投入较多资金。围栏养蟹区的形状多样，可以是圆形，也可以是椭圆形、三角形、长方形。一般来说，在不靠湖岸的情况下，圆形较节约材料。

（2）网围的工艺 一般选用 3×3 聚乙烯网线编织的网衣，网目 2~2.5 厘米；如果网目过大，蟹种易逃逸。围栏时，可采用单层围网，也可采用双层围网。严格地讲，双层围网能增加养蟹的保险系数。在围网的下纲内侧铺设 1.5 米宽的敷网，然后将敷网的脚装上石笼，石笼装石子 6~7 千克，网片采用竹桩或木桩打入泥中固定。实践证明，木桩的效果优于竹桩，桩间距为 2~5 米。

（3）箔网的工艺 一般采用宽 0.8~1.2 厘米的竹片（可灵活掌握其高度），其用聚乙烯绳（或棕绳）做横筋编织而成。安装时每隔 2~5 米设置 1 根竹桩或木桩，将编织好的箔固定在桩上，要注意的是，箔与箔之间的接头处一定要用绳或铁丝结牢，不能留有空隙。并在箔的上端装置 40 厘米宽的钙塑板或玻璃钢片，以防蟹逃逸，箔下方插泥中 15 厘米或插至泥下硬底为止。

3. 苗种放养 蟹苗最好选择体质健壮、规格整齐、无病无伤的幼蟹作为养殖对象。其规格一般为 90~120 只/千克，放养密度为 400~500 只/亩。1 月将蟹苗放于暂养池，暂养至 5 月中旬，水草占整个池塘面积的 2/3 左右时可以将其放到大塘养殖，放养前切记要用 3%~4% 食盐水浸洗 3~5 分钟。6 月中旬每亩放体长 5~7 厘米的鳜鱼种 20~30 尾。如果每亩套养 30 尾以上，则必须补充鱼饲料。

（1）清除野杂鱼 因为是在湖泊中进行围栏，所以要综合考虑到湖泊的特点。湖泊的水域围栏区内藏匿的凶猛性鱼类，不仅会残食软壳蟹，还会骚扰河蟹栖息，与蟹争食。实践证明，在没有除野

的围栏区，河蟹的群体增重倍数、回捕率和单产都会低于除野围栏区。一般主要的野杂鱼是乌鳢、鳜鱼等凶猛种类，这些鱼类在围栏区内会影响河蟹的生长、栖息、蜕壳和摄食。在围栏区内用生石灰清湖除野的效果会比较好，如果水域面积较大，可以选择使用网具捕起野杂鱼。从理论上讲，网具捕除野杂鱼对养蟹更为有利，因为药物除野易毒死区域内河蟹喜食的底栖动物。

（2）蟹种的选择　一般而言，养殖河蟹，应该选择那些体质健壮、附肢完整、无损无伤、无附着物、规格整齐、活动敏捷的蟹种放养。生产实践证明，长江蟹种养殖效果最好：一是每年 1~2 月的长江幼蟹规格整齐；二是其蟹种质量纯正，是标准的中华绒螯蟹，其个体肥大，生长快；辽河蟹种生长速度慢，商品规格偏小。在蟹种的选购上，应尽可能购买长江蟹种，从而确保围栏养蟹时的经济效益。

（3）放养蟹种的时间　蟹种放养的时间最好在春节前后完成，因而在有些水浅的围栏区，投放过早会因越冬而损失。一般是在春节前放养，个别在春节后的 3 月投放。另外，在蟹种规格偏小、网目偏大的情况下，应考虑将蟹种在小范围的围栏等处暂养一段时间后，再放入围栏区里面。

（4）放养密度　放养密度应根据区内的水生生物密度和管理水平而确定。湖泊水域自然条件较好，天然饵料比较丰富，因而亩产商品蟹在 30 千克以下，河蟹的群体增重可以达到 5 倍以上。因此可以参照这个系数，根据计划将产量的指标、饵料和饲养管理水平达到其标准，确定蟹种的亩放养量。一般河蟹单养亩产量要求达到20~30 千克，亩放养量可控制在 3~6 千克。若要求亩产达到 30 千克以上，应适当增加蟹种放养量。鱼蟹混养，一般每亩放蟹种为1~2 千克。蟹种的放养量要适宜，如果过小则不能充分利用水域资源，若过大的话就会影响出池规格，两者都影响养蟹的经济效益。

4. 饲养管理

（1）饲养与投喂　河蟹属于杂食性品种，它们喜食水生植物和商品饲料，但是更喜食动物性饵料。另外，从河蟹营养学角度考虑，应投喂一部分动物性饵料，尤其是在生长期的 8～9 月更应如此。

（2）日常管理

①防逃设施。可将防逃墙建高到 50～60 厘米，埋入土内的深度最好达到 10～20 厘米，材料可用水泥板、钙塑板、石棉瓦等。进排水口用较密的铁丝网或者塑料网封好套牢，以防养殖对象逃逸和敌害随水进入。

②水质调控。池水的初期其水质会偏肥，而后期则偏瘦。因此需要定期向池中加注新水，5 天注水 1 次，10～15 天换水 1 次，高温季节每次注水 20～30 厘米，3～5 天换水 1 次。pH 控制在 7.5～8.5，每半个月至 1 个月每亩水面 1 米水深用石灰石 10 千克化浆全池泼洒 1 次。每 20～30 天施用 1 次微生态制剂，借以改良水体环境，为了保证其使用的效果，可以在生石灰等外用药物使用 10 天以后再施用。

③河蟹蜕壳期管理。在河蟹蜕壳时要严禁换水，以免它们因为水压的差异或因脱水造成死亡；蜕壳期保持环境安静，避免受惊；蜕壳期适当增加饲料投喂量，防止互相残杀。

5. 捕捞　由于围栏区内的环境比较优越，因此河蟹生长得快，其性腺成熟得也快，因此生殖洄游也较早，这样，适时起捕就显得尤为重要。从目前各地围栏的实践来看，从 9 月 20 日左右时开捕为好，同时还要考虑气候、水温及河蟹的生长情况等因素，适当提前或延后捕捞，但一般将开捕的时间定为 9 月或 9 月以前，最迟不

能超过 9 月底。

捕蟹的主要工具有地笼、蟹簖和刺网等，以地笼效果最好，一般回捕率在 60% 以上。作业时，最好结合水流、水位、风向、水温、水草分布等因素灵活实施。

(二) 稻田养蟹的主要技术

1. 河蟹种苗放养

(1) 田块选择 在选择水源时，最好能选择水源充足、水质好、无污染、排灌方便、保水性强的田块。水稻种植要求：选用米质优良、叶片开张角度小、茎秆坚硬、耐肥力强、抗倒伏、抗病害的品种。

(2) 清田消毒 在放养种苗以前，必须要对稻田进行消毒，其主要目的是杀灭田内的黄鳝、鳌虾、青蛙、蝌蚪、蛙卵、蚂蟥等敌害生物。具体方法与池塘清塘消毒大致相同，先将蟹沟和蟹溜的水放干，暴晒数日，再放水 10 厘米左右，用生石灰 75 千克/亩加水溶化，不待其冷却就要将其洒遍全田。生石灰的效用除了能杀灭敌害生物，还可以中和水田的酸性土壤，因为一般稻田由于腐殖质的作用而呈偏酸性。

(3) 稻田养蟹的形式 稻田养蟹目前有多种形式：第一种以培育蟹种为主，投放的蟹苗或仔蟹在经过 4~7 个月的生长后，可达到 40~200 只/千克规格的蟹种，一般亩产为 20~30 千克；第二种是以养殖商品蟹为主，投放早繁苗的仔蟹，当年养成商品蟹；第三种是投放蟹种，经 5~9 个月的养殖，当年达到 75~125 克的规格；第四种是暂养育肥，从 7 月份开始，就要陆续放养其规格为 50~100 克/只的黄蟹，以此进行精养催肥，至年底出售大规格商品蟹，一般亩产为 30~50 千克。

（4）蟹苗放养 放养前 15 天，清除淤泥和杂物，用生石灰加茶麸消毒，每平方米用生石灰 150 克和茶麸 50 克，先将生石灰泼洒进去，然后第二天再将经过了 24 小时浸泡的茶麸泼洒进去。

2. 日常养殖管理

（1）饲料投喂 前期投黄豆、玉米、小麦等，中期加投些小鱼、鱼粉等，9 月份气温高，投喂量要逐渐减少，10 月份时其生长期会快速递增，因此投喂量加大。11 月份以后投喂量减少。全年投喂量一般上半年占 30%，下半年占 70% 左右。

（2）水质调节 稻田养蟹在用水方面首先要处理好稻田用水与河蟹养殖用水的矛盾，要求水中的溶氧必须充足，水质要清爽、嫩活。因此，在尽量不晒田的同时，最好采取"春浅、夏满、秋勤"的水质管理方法。春季浅，指在秧苗移栽大田时水位在 20 厘米左右，以后随着水温的升高和秧苗的生长逐步提高水位至 60 厘米；夏季满，因为夏季水温高、昼夜温差大，需要将水位加深至最高可控水位时最佳；秋季要勤换水，严格地说是在进入高温季节后要经常换水，换水的目的就是增加溶氧和降低水温。一般每 5~7 天换 1 次，个别时候 2~3 天换 1 次，特殊情况下 1 天换 1 次水。考虑到河蟹在傍晚摄食，换水一般在上午进行。

（3）稻谷施药除虫 一般养蟹的稻田最好不施农药，在栽插水稻前，最好对秧苗的虫害用药普遍杀灭 1 次，以切断病源。河蟹对水中生活的害虫幼体有一定杀灭作用，稻田的病害相对来说要少一些。但不排除杀灭得不彻底和其他稻田害虫传播的可能。若必须使用农药时，选择高效低毒的农药是最为适宜的，施药时，在严格控制用药量的情况下，要先将田水灌满，只能用喷雾器喷而不能手工泼洒药物，同时要求喷雾器的喷雾嘴细小，喷出来的药液以细雾形式落在稻禾叶片上而减少淋落入田。用药后，若河蟹有不良反应，

应立即采取换水措施。在气温随着夏季的到来而上升时，农药的挥发性会增大，其毒性也会加大，因此在高温天气里不再用药。

有关专家就6种农药对蟹苗的半致死浓度和安全浓度进行了试验，结果表明蟹苗对农药比较敏感。DDT 25%、乳马拉松50%、晶体敌百虫95%的毒性对蟹苗是最强的，60%粉剂乐果次之，40%乳剂稻瘟净和20%的粉剂稻脚青的毒性较弱。在水温19~21℃条件下，上述6种农药中前5种在水中的浓度依次为0.10毫克/升、0.05毫克/升、0.02毫克/升、0.5毫克/升、1.9毫克/升以上时，均能导致蟹苗的大批死亡。在实际使用中，稻脚青常与其他农药混合或交替使用，虽然毒性会比较小，但是往往还是会导致蟹苗或蟹种死亡。

在蟹种方面，黄朝森曾选用90%晶体敌百虫、40%乐果乳剂、硫酸铜和生石灰对重45克的蟹种进行了毒性试验，结果为：4种农药浓度依次在0.715毫克/升、9.43毫克/升、2.045毫克/升、14.27毫克/升以上时，就会导致蟹种死亡。

（4）饲养管理　蟹苗下田后即要投喂饲料。用小鱼或螺蚌肉加豆饼、麦麸拌后投喂，也可以投喂配合饲料或屠宰下脚料等动物性饲料。日投饲量视摄食情况而定，一般为总体重的3%，可以在每天傍晚进行1次投饲。一般情况，养蟹的稻田要将水深保持在30厘米以上，高温季节宜加深水位；每15~20天换水1次，保持水质清新；经常巡视，发现问题及时处理，做好防逃、防盗、防敌害等工作。

（5）敌害防治　在稻田里养蟹，老鼠和黄鳝会比较多，其他还有一些青蛙、螯虾和蛇类等敌害，防治方法同池塘养蟹对敌害的防治。

3. 水稻收割与河蟹的捕捞

（1）水稻收割　水稻的收割季节一般比捕捞河蟹的时间要早很多，收割水稻前，可以先通过多次灌水、排水，逐步将河蟹引进蟹沟、蟹溜中去。待水稻全部露出水面后再收割，并且多留一些水稻根部。由于河蟹以傍晚为主要活动时间，因而收割稻谷的时间安排在上午，为了防止稻田中或蟹坑中仍然可能有河蟹存在，在收割时必须要注意对河蟹进行保护。

河蟹的捕捞

（2）河蟹的捕捞　稻田河蟹的捕捞时间不能太迟，应在 10 月完成。捕捞时间较迟，河蟹易逃窜。河蟹的捕捞方法与池塘养蟹的捕捞大同小异，主要是反复进水、排水，促使蟹进入沟中，并从沟中通过出水口捕捞，出水口可装置袋网类收集蟹。对于蟹礁上和田里的蟹，可以徒手将其捕捉，也可以利用排水的过程在蟹沟中放抄网类渔具捕蟹，一般 1～2 次排水仍不能将蟹捕尽，应多次进、出水，并结合灯光诱捕、徒手捕捉等方法进行。

三、小龙虾的淡水养殖

（一）池塘养殖

1. 池塘准备　小龙虾与鱼类混养的池塘可以采用普通养鱼池塘进行养殖。池塘的面积 0.2～0.4 平方千米，池塘深度在 1～1.5 米，池塘内应移栽些水草，如马来眼、紫菜、水花生等。也可放些碎砖瓦、树枝等作为小龙虾的隐蔽场所。虾苗和鱼类放养前，要按常规进行清塘消毒。待毒性消失后才能将虾苗和鱼种放养。

2. 虾苗放养　通常每公顷培育池放养规格为 0.8 厘米以上的稚虾 150 万～225 万尾。要求放养的稚虾规格整齐，体质健壮，无病伤，生命力较强。放养稚虾时，最好选择在晴天早晨或阴雨天进行，一次放足，要求同一规格的稚虾放入同一培育池。

3. 饵料　小龙虾稚虾的食物主要以轮虫和枝角类、桡足类等浮游生物为主。在放养后最好适时追施肥料培肥水质，为稚虾提供充足饵料，并及时投喂适口饲料。通常稚虾放养后的第一个星期，泼洒豆浆投喂，每天 3～4 次。1 周后，改用鱼肉、螺蚬蚌肉或蚯蚓、蚕蛹等动物性饲料，适量加一些小麦、玉米和嫩的植物茎叶，并且混合粉碎加工成糊状的饲料投喂，效果更好，每天上午和下午各投喂 1 次，以傍晚的一次为主。日投喂量按稚虾体重的 8%～15% 安排，并根据天气、水质以及虾种摄食情况适当调整。

4. 水质管理　小龙虾对环境的适应能力比较强。在培育虾种时，池水溶氧量最好保持在 5 毫克/升以上，pH 为 7～8.5，透明度为 40 厘米左右。每 7～10 天换 1 次水，每次换水 1/3，定期泼洒生石灰水，改善水质。

5. **适时捕捉** 小龙虾的生长速度很快，在经过大约 4 个月的饲养后，就可以将其捕捞上市。捕捞时的原则是捕大留小，达不到上市规格的继续留池饲养。捕捞方法很多，有撒网、虾笼、拉网或干池捕捉等。捕捞时根据实际情况的不同，采取不同的措施。

（二）稻田养殖

1. **稻田要求** 稻田养殖小龙虾时，稻田的水量要充足、水的质量要好、周围没有污染源、排灌要方便，在不受洪水淹没的田块进行稻田养虾。沿稻田田埂内侧周围要开挖养虾沟，沟宽 1.5 米，深 1 米。如果田块面积较大，可以在田中间开挖田间沟，田间沟宽 1 米，深 0.5 米，养虾沟和田间沟的面积约占稻田总面积的 1/5。

要尽量加高田埂，平整田面。田埂面宽 3 米以上，田埂高 1 米。进排水口要用铁丝网围住，防止小龙虾外逃和敌害进入。进水渠道建在田埂上，排水口建在虾沟的最低处，按照高灌低排的格局形式，以确保其能灌得进，排得出。

在养虾沟和田间要移栽苦草、轮叶黑藻、金鱼藻等沉水性植物，水草覆盖面以 1/3 为宜，最好分散在稻田里。稻田四周用塑料薄膜、水泥板、石棉瓦建防逃墙，以防小龙虾逃跑。

2. **虾苗放养** 在选择虾苗时，一般要选择肢体完整、体质健壮、游泳正常、无病无伤的虾苗进行放养。每公顷水面放养规格为 20~30 尾/千克的小龙虾抱卵亲虾 600 千克，或放养 100~120 尾/千克幼虾 1200 千克。如果放养鱼种，应以草食性鱼类或滤食性鱼类为主，而底层鱼类、凶猛性鱼类不能与其一起混养。每公顷的水面可以放养约 75000 尾的草、鳊、鲢等鱼苗。

3. **养殖方式** 小龙虾稻田养殖主要有三种方式。

（1）稻虾轮作 稻虾轮作的养殖方法是：收获水稻后，就可以

开始着手灌水放养小龙虾了，种虾每亩 25 千克，第三年的 6 月份前将小龙虾收获完毕，立即采取免耕抛秧的方式再种一季中稻，3 年一个轮回。

稻虾轮作主要是种第一季稻，稻谷收割后再养殖小龙虾。然后第二年不种稻，等到第三年再种一季稻，每 3 年一个轮回。稻虾轮作这种养殖方式有利于保持稻田养虾的生态环境，给小龙虾提供充足的养料，同时让小龙虾有较长的生长期，增加养虾的经济效益。

（2）稻虾连作 稻虾连作指的是在稻田中每种一季稻谷后再养一茬小龙虾。稻虾连作最好是选择中稻品种，这是因为中稻插秧比早稻迟，有利于下年稻田插秧前收获更大的小龙虾。如果种植晚稻，会因为收割季节迟，而错过种虾的最佳繁殖期。

稻虾连作的方法是：在选择养殖小龙虾的稻田中选择中稻品种作为第一季稻谷。稻谷收割后就灌水，投放小龙虾种虾每亩 20 千克，到第二年 5 月份中稻插秧前，将虾全部收获。

（3）稻虾共生 稻虾共生就是利用稻田的浅水环境，实施既种稻又养虾的种植养殖方式，这样做的优势在于可以通过提高稻田的利用率，从而获得更高的经济效益。因为小龙虾对饲养条件要求不高，水稻也不是娇生惯养的温室鲜花，所以才可以双管齐下，齐抓共管，在既不影响水稻生长发育，又不影响虾成长壮大的情况下，实行稻虾共生。稻田饲养小龙虾后可起到除草、除害虫的作用，使稻田少施化肥、少喷农药。稻虾共生有增加水稻产量的作用。

稻虾共生的方法是：稻虾共生模式选择早、中、晚稻均可，但一年只能种一季稻谷，且水稻品种要选择抗倒伏的品种，插秧时最好用免耕抛秧法。在每年的 3~4 月每亩放养 3~4 厘米的幼虾 30 千克或 8~9 月份每亩放种虾 20 千克，在稻谷生长期可每亩增产小龙虾约 50 千克。

4. **饲养管理** 稻田养殖的小龙虾，对其施肥时，要以施腐熟的有机肥为主，在插秧前一次性将其施入耕作层内，有肥力持久的效果。追肥时的肥料一般用尿素，使用量为每亩 5 千克，一般每月 1 次，复合肥每亩 10 千克。禁止使用氨水和碳酸氢铵之类有强烈刺激气味的化肥，以防小龙虾受到侵害。

稻田养虾有个最大的优点，那就是基本不用投喂，在小龙虾的生长旺季可以适当地投喂少量动物性饲料，如锤碎的螺、蚌等；8~9 月份以投喂植物性饲料为主，10~12 月多投喂一些动物性饲料。日投喂量以虾体重的 7% 左右为准。冬季约 4 天投喂 1 次，日投喂量为虾体重的 2%~3%。然后可以从第二年的 4 月开始，不断地加大投喂量。

水质管理工作也不能忽视，高温季节，10 天就应该换 1 次水，每次换水 1/3；半个月左右就泼洒 1 次生石灰水调节水质。

在每天的巡田检查过程中，要确保虾沟内有足够多的水生植物，如果发现其不足的话要及时补放。大批虾蜕壳时不要冲水，蜕壳后增喂动物性饲料。

5. **日常管理** 对于稻田养殖的小龙虾，最好每天坚持巡田两次，早晚各 1 次。观察其沟内水色的变化以及虾吃食、活动、生长情况。认真做好田间管理。田间管理包括：水稻晒田、用药和防逃防害方面。稻谷晒田不能完全将田水排干，水位降低到田面刚刚露出来就行了，时间要短，发现小龙虾有异常时最好及时向稻田注入新水。

稻田养虾的原则是尽量不用农药，因为小龙虾对许多农药都很敏感，如果要用也要选择高效低毒的农药。施农药时要严格把握农药安全浓度，尽量不要喷入水中，而只喷在水稻叶面上。在对水稻施用药物时，最好尽量避免使用含有菊酯类的杀虫剂，如此可以避

免对小龙虾造成危害。喷雾水剂宜在下午进行，此时稻叶干燥，大部分药液吸附在水稻上。同时，施药前田间加水至 20 厘米，喷药后及时换水。

第三节　海水养殖技术　　　〉〉〉

一、石斑鱼的繁育与养殖

（一）苗种来源与人工繁殖

我国石斑鱼养殖的苗种主要是从自然海区钓捕而来的，在我国的浙江到海南沿海海域都有赤点石斑鱼、青石斑鱼和鲑点石斑鱼等苗种分布。随着石斑鱼养殖业的迅猛发展，自然苗种已供不应求。所以，近些年石斑鱼的人工繁殖已引起人们普遍重视。国外已于 1967 年赤点石斑鱼人工育苗获得成功。我国的石斑鱼人工繁殖工作中，于 1985 年在福建孵化获得了赤点石斑鱼仔鱼。中国科学院南海海洋研究所于 1986 年 4 月取得了鲑点石斑鱼人工繁殖的初步成功。浙江省海洋水产研究所于 1986 年 10 月赤点石斑鱼和青石斑鱼的人工育苗获得成功，我国台湾水产试验所的澎湖分所在石斑鱼人工繁殖方面有着很出色的工作成果，他们已经培育出大批量苗种。赤点石斑鱼人工繁殖的试验研究报告较多，现以赤点石斑鱼为例对有关问题进行论述。

1. 鱼苗的选择　在选择育苗时，必须要注意其质量。要选择那些鱼体健壮，有活力，无病、无鳞片损伤，肤色光泽好的进行养殖。石斑鱼成鱼养殖的方式主要有网箱养殖、池塘养殖两种，以网箱养殖较为普遍。网箱养殖石斑鱼是一种集约化的养殖方式，放养密度高，便于管理，生产效益较高，因此其发展趋势很快。

2. 催熟剂和催产剂　催熟剂使用鲤脑垂体最为适宜，每千克雌鱼注射 1.5~2.5 毫克，每隔 5~7 天注射 1 次，连续 3 次。每千克雄鱼注射 1.0 毫克，注射 1 次。催熟时的海水温度 25.5℃，比重 1.019~1.020。

催产剂，每 1 千克雌鱼可以使用促黄体素释放激素类似物（LRH-A）60~300 微克、绒毛膜促性腺激素 3000~6000 国际单位和鲤脑垂体 2~10 毫克。以上剂量分 1~4 次胸腔注射，第 1、第 2 次间隔约 24 小时，第 3、第 4 次视腹部检查情况而定。雄鱼注射量减半，分 1~2 次注射。在使用催产剂催产时海水的温度最好保持在 25~26℃，海水的比重为 1.020。

3. 人工授精及孵化　对于石斑鱼，可采用干法人工授精。赤点石斑鱼和青石斑鱼的受精卵都为半浮性卵，卵形似圆球，卵径 0.70~0.85 毫米，卵膜吸水膨胀，晶莹透亮，卵周隙较小，有一油球，油球直径约 0.15 毫米。在环道孵化器或孵化缸中孵化。在 25℃ 左右水温下，约 24 小时出膜。刚孵化的仔鱼全长有 11~16 毫米。孵化后的第四天，其卵黄囊和油球会消失，开始平游，摄食。

（二）苗种培育

石斑鱼的人工繁殖和苗种培育，目前还都处在试验的阶段，因此不是很成熟。现在仅是根据赤点石斑鱼的试验情况和参照其他海

水鱼的经验，将苗种培育技术介绍如下。

1. 培育条件

（1）容器　培育苗种最常使用的是玻璃钢水槽、水泥池或网箱。其容积达 0.5~50 立方米，水深 1~2 米，容器呈圆形或长方形。

（2）光照　培育苗种要避免阳光直射，最好用遮光帘将光照强度控制在 2 万~3 万勒克斯。

（3）水温　培育苗种最适宜水温是在 24~28℃，同时还应防止水温的昼夜剧变。

（4）水环境　环境安静，水质清新，微流水，最好是持续供应经过滤的海水，pH 为 7.8~8.4，溶氧量 5 毫克/升以上。

（5）放苗密度　培育鱼苗的前期，要在小水体放苗 2 万~10 万尾/米³，大水体 1 万~3 万尾/米³，后期培育密度应适当减小。

2. 饵料系列　苗种成形后，对刚开口的仔鱼可投喂蛋黄、贝类幼体，2~3 天后再开始投喂一些小型轮虫、枝角类和桡足类幼体，7 天后投喂轮虫，15 天后交叉投喂桡足类，第 20 天交叉投喂少量卤虫无节幼体，第 25 天可投喂少量卤虫成体、糠虾。第 30 天开始投喂鱼、虾肉糜，此后继续将碎鱼肉或比石斑鱼苗略小的活鱼苗、活虾苗对其投喂。此外，从第 10 天开始一直到变态完成期间可投喂半咸水。幼鱼变态前亦可用活糠虾作为饵料投喂几天。到苗种全长达到 50~60 毫米时，可完全转为杂鱼虾为饵料。

3. 日常管理　培育苗种的前期，在培育的 7~10 天最好能采用静水微充气进行培育。在投喂贝类幼体和轮虫期间，为了净化水质和充作轮虫的饵料，一般要加"绿水"，但添加量不宜过大，否则会因藻类繁殖过剩而导致仔鱼气泡病的发生。静水培育期间，每天都应定时换水，换水量为苗种培育容器量的 1/4，然后逐步增加到

1/2。在此期间要注意清底，并且坚持每日定时进行。发生个体差异时应及早分选苗种。相互残食也是石斑鱼的本性，当饵料不足、个体差异增大、放养密度过大时会出现互残。幼鱼期转入底栖生活，有时会出现群体过度集中现象。因此在培育苗种时，应注意保持流水培育，调节水温，这样可以防止上述现象的发生。

（三）成鱼养殖

石斑鱼的成鱼养殖方式以网箱养殖、池塘养殖两种为主，其中以网箱养殖的方式较为普遍。网箱养殖石斑鱼属于一种集约化的养殖方式，其放养密度高，便于管理，效益明显，所以在国内发展很快。现以介绍网箱养殖技术为主，池塘养殖可参考网箱养殖情况进行。

1. 养殖条件　养殖石斑鱼成鱼的海区环境应具备如下条件：避风的条件要好，波浪不能太大，且不受台风袭击；沙质底、砾质底、礁石质底为好，低潮时水深应在 4 米以上；潮流畅通，流速适中，网箱内流速保持在 0.20~0.75 米/秒为好；冬季最低水温不低于 15℃，22~28℃水温的天数不少于 200 天；其水质要清，因为石斑鱼对盐度的适应范围较广，所以在 11‰~41‰都能生存，最适盐度为 25‰~32‰，pH 为 7~9，溶氧量在 5 毫克/升以上；不受工农业废水、城镇污水的污染，暴雨季节无大量淡水流入，盐度不低于 16‰，透明度在 1.5 米以上；养殖成鱼的海区交通条件要好，这样才能方便活鱼的运输以及饲料的供应。

目前石斑鱼育苗尚未达到生产性要求，因此养殖的鱼都还是以自然海区捕获的幼鱼为鱼苗养成。养殖的石斑鱼幼鱼以手钓钓获的为好。选择时，必须注意鱼的质量。应选择鱼体壮，活力强，无病、鳞片无损伤，并且肤色光泽好的苗种进行养殖。

2. 养殖季节　石斑鱼的生长期，在浙闽沿海地区一般是 5~11 月，在两广和我国台湾沿海地区是 4~11 月，在海南是 3~12 月。石斑鱼从体长 10 厘米生长到商品鱼体重 500~750 克需要 16~24 个月。可采用两种养殖周期安排生产。一种是从第一年 3~5 月投放体长 10 厘米的鱼种，养到入冬前的体重将达到 150~200 克。如果是在网箱内越冬，需要一直养到第二年的冬天前才能上市。另一种是在 3~5 月投放体重 200 克的大规格鱼种，到入冬前可养到 500~700 克上市，或者养到第二年冬季前体重 1.5 千克左右上市。赤点石斑鱼和鲑点石斑鱼的生长速度比青石斑鱼的要慢，所以其上市的规格比青石斑鱼要大些。

3. 养殖密度　海水网箱养殖石斑鱼的放养密度，一般在水温 25℃的条件下，以 60~70 尾/米^3 为好。生产实践中，在 3 米×3 米×3 米的网箱内饲养成鱼 600 尾左右。试验研究结果表明，放养密度为 15 尾/米^3 和 30 尾/米^3 时生长得较快，当放养密度提高到 60 尾/米^3 时其生长的速度与前者相近，并没有很明显的差异。但是当其放养密度增大到 120 尾/米^3 时，尾增重量减小，饲料系数大大增大，存活率明显下降。证明 60 尾/米^3 的放养密度是比较适宜的。

一般池塘养殖石斑鱼的放养密度，需要按照各地的资料分析，其差异较大。据有关报道称，在港中养殖石斑鱼的放养密度可达 60 尾/米^3，在池中堆放废旧轮胎作为人工隐蔽物后放养密度竟提高到 156 尾/米^3，养殖 3 个月后净产量从 8.5 千克/米^3 提高到 19.5 千克/米^3。但是，根据广西利用其原来养殖对虾的虾池来养殖石斑鱼的初步试验结果，认为放养密度以 1 尾/米^3 左右较为适宜，试验池每月可纳潮换水 22~24 天，池中投放瓦水管和破水缸作为人工隐蔽物。

4. 饲料与投饵技术　石斑鱼属于肉食性鱼类，因此投喂石斑鱼主要用的饲料是鲜度比较高的小杂鱼。一般根据石斑鱼的大小，用切鱼机将小杂鱼切成适宜的大小后喂养。因饲料鱼的种类不同，投喂系数波动在 5～12。以蓝圆鱼参作饲料的投喂系数较低，而眼睛鱼的投喂系数较高。随着石斑鱼网箱养殖业的迅速发展，作为饲料用的鱼，其供应日趋紧张，因此推广饲料配合人工喂养石斑鱼势在必行。实践表明，石斑鱼对饲料的软硬程度、颜色和口味等适口性要求较高，喜食软颗粒、色浅且明亮的饲料，颗粒过硬则有吐食现象，其对软颗粒饲料的适应性明显优于硬颗粒饲料。从投喂小杂鱼到改喂人工配合饲料这段时间，它们需要一个比较长的适应过程，投喂配合饲料前要进行摄食驯化。在赤点石斑鱼人工配合饲料中粗蛋白的适宜含量为 40%～50%；青石斑鱼配合饲料中蛋白质的适宜含量为 51%～55%，脂肪适宜含量为 9.87% 左右。如果适当地在饲料中提高脂肪含量，就能够使更多的蛋白质在鱼体的生长方面发挥作用，而不是作为能源物质被消耗，可以起到节约蛋白质、提高饲料蛋白质利用率的作用。以鱼粉为主要蛋白原配制成的湿性团状饲料喂养鲑石斑鱼小鱼和鱼苗，当蛋白质含量分别为 40%～50% 和 54% 时其生长最好。用鱼粉和酪蛋白为蛋白原制成的干性配合饲料喂养鲑石斑鱼，其蛋白质最佳含量为 50%。石斑鱼肌肉氨基酸组成的种间变异不大，10 种必需氨基酸的组成模式为赖氨酸：亮氨酸：精氨酸：缬氨酸：苏氨酸：异亮氨酸：苯丙氨酸：蛋氨酸：组氨酸：色氨酸 = 9.8：9.1：7.7：5.2：5.0：4.9：4.8：3.1：2.6：1.0。这种氨基酸的组成模式可以为石斑鱼配合饲料配制提供参考。赤点石斑鱼和青石斑鱼对丙氨酸刺激的电生理阈值分别为 9.9～10 摩尔/升和 9.6～10 摩尔/升，明显低于其他鱼类。这可能与它们生活在底层岩礁间、视觉机能退化致使嗅觉机能相对发达的原因有关。因此它为石斑鱼的嗅觉诱食剂的研究提供了方向。石斑鱼对饲

料颗粒大小有特殊的要求。投喂成鱼时，颗粒饲料的粒径不宜小于6毫米，颗粒太小其食欲不高。

饲料的投饲技术对养殖石斑鱼的效果有着很重要的影响。当水温在25℃的环境条件下，石斑鱼的消化速度为20~24小时。所以，在南海海域5~10月对石斑鱼每天投喂1次，一般在上午9~11时进行。11~12月、3~4月每两天投喂1次，冬季海水温度降至20℃以下时，需要3~4天投喂1次，并且每次投喂的量占其体重的3%~5%，水温适宜时投饲量大些，水温较低或过高时投饲量减小。在生产中，一般视石斑鱼的摄食状态来决定投饲量，以食欲减弱时为度。投饲的一般原则是，小潮水流缓水清，水温适宜时多投，反之则少投。每日的投饵量一般要掌握在其鱼体重的8%左右，在每次投喂时，最好先投入小许、分批缓缓遍洒，等抢食完前批饲料后再洒下一批，直至喂饱不抢食为止，决不可将饲料一次倾倒入网箱，以免造成饲料浪费和环境污染，石斑鱼决不吃沉底的食物。因为石斑鱼是以吞咽的方式进食，所以饵料的个体大小要小于其口径。投饲还需要讲究定质、定量、定时原则。池塘养殖中还应注意搭设饲料台，进行定点投饲，以提高饲料的利用率和便于清理残料，保持水质的良好。

5. 科学管理

①合理确定网箱、鱼排的密度，以防缺氧事故的发生。1993年海南省陵水县新村港因石斑鱼养殖网箱密度过高和鱼排布局不合理，以致平潮时水体缺氧，造成1496口养鱼网箱59.7万尾鱼在半小时内突发性死亡的严重损失，这是一起沉痛的教训。

②定期清理网箱上附着的污损生物，用以保持网箱内外水流的通畅。清理污损生物时可以采用污损生物预防剂、机械清洗和化学处理、搭配饲养污损生物天敌等方法清除。

③定期筛分，保持同箱内石斑鱼鱼体规格的一致。因为鱼类具有大鱼抑制小鱼生长的作用，所以定期筛分是最为适宜的，这样可以使网箱内的石斑鱼大小一致。

④加固铁锚和缆绳，定期检查网箱的破损情况，确保安全生产。特别是台风到来之前，更应该加强防御，做好安全工作。

⑤定期监测水质，以此来保护养殖的环境。最好是按照国家颁布的第一类海水水质标准来监测养殖用水，以利于石斑鱼正常生长和肉质鲜美。

二、中国对虾的饲养管理

（一）准备工作

1. 选址　养虾池选在地面平坦、水源方便、水质良好、排洪畅通的地方建场是最为适宜的。其土质要求泥质，尽量避免在酸性土壤、漏水土层或烂淤泥过深的地段建池。

2. 建塘　养虾的池塘最好选择长方形，其长与宽的比为 5：3。虾塘的面积在 50 亩以下最为合适，以 20 亩左右为宜。从沟底到水面深度宜在 2 米左右，其中沟深 50~70 厘米。塘底平坦并略向排水一端倾斜，以便清塘和收虾时排干池水。虾塘由堤坝、水闸、滩面、底沟组成。

（1）堤坝　堤坝的主要作用是用来蓄水养虾，抗风阻浪的。堤坝可以分为拦海堤和隔堤，拦海堤有阻挡海潮的作用。坝顶宽度为 5~10 米，坝高要以往年最高潮位，再加 1 米作为安全标准。大堤堤面宽度要求在 2 米以上。隔堤即虾塘间的堤坝，它的高度与宽度都小于大堤。因此堤坝的高度一般是按照高出虾塘设计水面 0.5~

1.0 米来计算。

（2）水闸　水闸最好是建在底质坚硬、水流畅通的地方，这样才能起到控制水位、调节水质、放水收虾、阻拦敌害的作用。进水闸与排水闸分别建在虾塘两端。水闸数量及其宽度根据虾塘大小来决定。

（3）滩面　滩面是人工投饵的场所，同时也是对虾的活动以及索饵的地方。滩面要平坦，略斜向于底沟。在堤基与底沟之间的滩面，要有一定宽度。

（4）底沟　底沟有疏通水流，增加水体容量，便于对虾躲寒避暑的作用，同时有利于排水收虾。中央沟为主沟，宽度一般在 8 米左右，长条形的虾塘可开宽沟，但是环沟必须与其相通。环沟的面宽 7 米左右，长方形或方形虾塘一般都开挖此沟。底沟要求沟壁有一定坡度，沟底平整，并朝排水方向倾斜，以利于清塘和排水收虾。

3. 清池消毒　关于清池，首先必须要彻底清除池底的淤泥，然后再用漂白粉、漂白精、生石灰等（选一种），按照养殖技术的要求比例进行消毒杀菌。

4. 肥水　虾苗在放养前半个月就要开始肥水，以有机肥为最好，在进水 10~20 厘米后，将发酵的鸡粪或猪粪按每亩 50 千克为用量泼洒入虾塘；也可以用化肥，每亩用尿素 5 千克，加过磷酸钙 1~2 千克。7 天后，再按上次用量的半数，追肥 1 次，将水位加深到 30~40 厘米，经两次施肥后，虾池内的硅藻和浮游动物就能迅速繁殖起来，水色也将会由清转为黄褐色或黄绿色。在这时即可投放虾苗。虾苗入池后 3~5 天，应再追肥 1 次。追肥的目的是为仔虾提供饵料。

（二）虾苗的放养

1. 虾苗选择　虾苗的质量是饲养的关键所在，因此在选择苗种时，其数量要充足，规格要整齐。

2. 虾苗运输 虾苗的运输可以采用陆运、水运和空运三种形式。运输的容器主要是以布和塑料袋为主，较方便，放苗密度视虾苗大小，运输时间长短和水温高低而定，一般运 10 厘米虾苗时间为 6 小时左右，采用 1 米帆布桶（约 1/3 水），密度为 20 万~30 万尾/桶，采用充气尼龙袋，密度为 0.6 万~1 万尾/袋，运输的时候注意避免炎热的中午运输，要做到防晒和防雨。

3. 放苗时间 一般选在 4 月放苗，水温回升，当其温度稳定在 14℃以上时方可进行。放养虾苗时的水深不能低于 40 厘米，其盐度在 20‰~30‰，pH 为 7~8.6 是最为适宜的。

4. 放养密度 中国对虾增殖苗种暂养放苗密度以每亩 8 万尾为宜，苗种体长 1.0 厘米。密度要适中，过低的话池塘的利用效率就不能充分地发挥出来，过高的话池塘中浮游生物量则会急剧减少。密度过高还有下面的缺点：造成虾苗的生物饵料不足，浮游生物对水质的调控能力降低，水质的不稳定性增加，残饵、粪便等虾苗代谢物质增多，池塘细菌量增加，导致虾苗成活率降低，在其后期时甚至可能会有大规模的病害发生。

5. 注意事项

①装运的虾苗温度和放入虾池时的水温要尽量接近，如果温差在 4℃以上，就需要采取逐步换水后再放入虾池。

②放养虾池的虾苗要一次性放足，最好不要多批次地放苗。

③虾池水温要基本稳定在 14℃以上。

④放苗的地点要选在虾塘的避风区，不能在迎风的区域放苗，也不要在闸门附近放苗。

6. 饲养管理

（1）换水 饲养虾苗时，给虾池换水可以达到改善水质的效果，还能提高对虾的生活环境，促使虾蜕壳生长。换水宜在傍晚或夜间。中、后期换水量应达水池容量的 30% 以上。大潮汛期每天换水一半以上。小潮汛期利用轴流泵换水。

（2）观察水色　水色可以反映水中浮游生物的种类以及数量的变化，饲养虾苗的正常水色应是淡绿色、浅褐色，无臭味。如果水色过浓，透明度低于 30 厘米，应换水。

（3）观察虾有无浮头　浮头是缺氧的表现，浮头前可能出现的征兆，如池水过浓，透明度低于 30 厘米或者水色变得澄清；天气会变得闷热并且无风；暴雨过后大量的淡水浮在海水之上，导致下层水体缺氧；虾群在水面不安地游动。池中缺氧严重时，上半夜就会出现浮头。解救浮头的方法是用扬水泵冲水，增氧机搅水增氧。浮头时暂停投饲，大量换水。

（4）观察池底污染变黑状况　池底变黑是因为投饲的量过多，饲料变质发臭而引起池水变质。池底变黑会大量消耗氧气和产生硫化氢致虾中毒死亡。减轻池底污染，应合理投饲，减少残饲，经常换水增氧。

（5）观察虾个体有无大小悬殊　若长期投饲不足则会造成池虾个体大小的悬殊。因此在投饲时，先投喂营养价值差的饲料（如花生饼），后投喂营养价值高的饲料（如鲜贝），同时增加投饲量。

7. 收捕　在养殖中国对虾时，要切记适时收捕，因为这样做不仅能使经济效益提高，还能避免长时间饲养导致海水虾患病。

（1）收捕时间　具体问题具体分析，由生产方式、对虾生长情况、水温变化和市场行情综合考虑确定。捕捞中国对虾的季节分为春、秋两季，一般的中国对虾体长为 12~15 厘米，体重 20~40 克就可以捕捞上市了。

（2）注意事项

①收虾前的 3~5 天要停止对虾池换水，并且在收虾的前 1 天停止对其喂食。

②闸门流量不要过大过猛，当心破网逃虾。

③软壳虾的数量较多时，要适当推迟捕虾期，尽量将捕虾期安排在大潮期。

（三）科学养殖

1. 养殖方式　为了能更好地进行对中国对虾的养殖，从而提高养虾的经济价值，首先是建设高标准的小面积虾池，采用封闭式养虾新模式。小面积虾池的日常管理、水环境容易控制，各项防病措施操作方便。其次，充分利用盐场蓄水池，并且同时配套淡水机井，这样便可以因地制宜地解决养虾的用水问题，还能避开病原传播的途径。

2. 环境调节　养殖中国对虾时，要先将虾池进行彻底的清淤、消毒，这样能为中国对虾生长创造良好的生态环境。经过一年的养殖，中国对虾的残饵、粪便、各类生物的尸体及其他有机物大量沉积于池底。出虾后，要彻底清除，防止第二年部分沉淀物在细菌和其他微生物的作用下，产生一些有毒物质，如硫化氢、氨氮、甲烷等，它们会对对虾产生毒害作用。

对此，可采取各试验池出虾后及时排干池水，封闸晒池，虾池彻底清淤，清淤后每亩用 75~100 千克的生石灰进行消毒的一些具体措施。采用生石灰消毒还能改善池底地质，为中国对虾生长创造良好的生态环境。

3. 饵料搭配　仔虾的培育期，其饵料最好能以鲜贝肉、小杂鱼肉为主，把贝肉、鱼肉磨碎，再经洗涤后方可投入池中，日投饵量在仔虾重量的 200%~300%。

对虾的食性非常广，因此可作为对虾的饵料也相当多，如贝类、甲壳类，各种鲜杂鱼、冷冻鱼、干杂鱼、鱼粉以及植物性饲料，如花生饼、豆饼、面筋麸皮、米糠等。此外海洋酵母、啤酒酵母、各种血粉、卤虫卤粉和人工配合饵料等均可作为对虾饵料。

目前，由于对虾的病毒性病害频频发生，并且流传的范围广泛，传播时间长，因此对对虾饵料的要求有所提高，多采用人工配合饵料。

4. 中间养殖　中间养殖指的是培养大规格虾苗，将人工培育的仔虾一直培养到其具有较强的适应能力时，再进行放养。目前普遍采用塑料大棚暂养，以便提早放苗。中国对虾多是培养到体长2~3厘米，这样养成时的成活率一般都在80%以上。

5. 加强管理　放养虾苗时，应坚持投放健康且无病损的虾苗，放养时最好对其进行严格的检查。同时饵料要新鲜，坚持投喂优质饲料，不投喂劣质饲料。坚持少量多次的原则，养殖前期以鲜卤虫为主，每天1次，养殖中后期，全天饲喂5~6次，其中饲喂鲜卤虫两次。

（四）繁殖

1. 交配　中国对虾雌虾与雄虾的成熟期有所不同。雄虾在当年就能达到性成熟，雌虾却需要到第二年4月才能达到性成熟。一般在10月中旬至11月初，雌雄虾开始交配。交配时雌虾退壳后新的甲壳没变硬前，由雄虾将精子送入雌虾的纳精囊内。交配后的雌虾纳精囊由原先的透明扁平变得饱满微凸并且呈现乳白色。

在交配后的第二年4~6月，雌虾性腺成熟并产卵，中国对虾在自然海区的产卵水温为13~18℃。人工饲养在控温的条件下可提前到3月产卵。对虾具有多次产卵的习性。雌虾产卵时会一边产卵，一边将纳精囊中的精子放出与其卵结合。

2. 幼体

（1）环境 产卵及受精卵孵化的水温在19℃左右最为合适，其在无节幼体阶段的水温为21℃左右，蚤状幼体为23℃左右，糠虾幼体为24℃左右，培育到仔虾期时，虾苗准备出池前几天，要逐渐降到与养殖池水温相接近，以免出池后与养殖池温差过大而死亡。

池水的pH一般为8.0~8.6，其盐度一般在25‰左右时最佳。

（2）饵料 中国对虾从产卵、受精、孵化到仔虾要经过3个完全不同形状的阶段，9次蜕皮，即无节幼体、蚤状幼体、糠虾幼体才到仔虾。

中国对虾在无节幼体时期是不摄食的，以它自己的卵黄养自己，当其进入蚤状幼体后，才开始摄食微小的动植物，到糠虾期时摄食能力增强，仔虾期以后可以摄食蛤肉等人工饵料，仔虾再经过14~22次蜕皮才达到性成熟进行交配繁殖后代。

三、牡蛎的苗种生产与养殖

（一）苗种生产

我国牡蛎有着非常丰富的天然苗源，在我们国内养殖牡蛎主要是依靠天然苗的采集。

1. 采苗场地的选择 牡蛎采苗场地的选择应注意地形、底质和海况因子等条件。

（1）地形 牡蛎采苗场的地形，以地势平坦、风浪平静、潮流畅通为最佳，附近有天然生长牡蛎的海区为好，尤以喇叭形或布袋

形的内湾更好。

（2）底质　根据不同的养殖方法和采苗器的种类，选择不同的底质。投石养殖，宜选择较硬的泥质或泥沙质底质；如果使用插竹、立石、栅架式垂下养殖，以含泥量较低的底质较好；筏式垂下养殖，对底质要求不严。

（3）盐度　根据各种牡蛎幼虫固着对盐度的要求进行选择。近江牡蛎和长牡蛎的采苗场应选在较低盐度的河口附近，在采苗季节，其海水的盐度一般是 3.87‰~14.00‰。大连湾牡蛎的采苗场应选在离河口较远的海区，盐度较高。褶牡蛎的采苗场介于二者之间。

（4）水深　根据各种牡蛎的生活习性和养殖方法的不同而定。滩涂采苗养殖，在潮间带中区以及中下区到水深1米之间的地带最为合适。筏式等垂下养殖，水深在2~10米为最佳。

2. 采苗场地的整理　采苗前把场地标出，划分成一定规格的蛎田。蛎田规格一般是每块宽约 12 米，长度从中潮线至低潮线。在两块蛎田之间留出一条 4 米宽的交通沟，然后将沟中的泥沙堆在蛎田的中线上，使其形成弓形，以利于排水。垂下式采苗养殖，场地不必整理，但必须先在海上设置浮筏式栅架。

3. 采苗器　石块、石柱、石板、瓦片、牡蛎壳、水泥瓦、水泥板、水泥棒和竹子等通常是牡蛎的采苗器。投石养殖的石块，每块重5~7千克；石板，每块 120 厘米×20 厘米×15 厘米；水泥瓦，每块 22 厘米×12 厘米×2 厘米或 22 厘米×16 厘米×2 厘米；水泥板，每块 80 厘米×12 厘米×5 厘米；水泥棒，每支 60 厘米×45 厘米×45 厘米或 100 厘米×10 厘米×10 厘米至 120 厘米×10 厘米×10 厘米；牡蛎壳，除去右壳取左壳；竹子，直径 1~3 厘米，长约 1.2 米，坚厚。竹子在采苗前于潮间带泥沙中浸泡，除去酸性和竹油等物质。

4. 采苗期 牡蛎的采苗期随着其种类与栖息海区的不同而略有变化。比如近江牡蛎的采苗期，其在两广地区 4~5 月，6~7 月为盛期；在福建 4~7 月，4~6 月为盛期；在黄河口 7~8 月为盛期。褶牡蛎的采苗期，在山东 6~11 月，7~8 月为盛期；在福建 4~5 月和 8~9 月为盛期；在台湾海峡则是 4~9 月，5~6 月为盛期。

牡蛎的性腺发育和产卵活动是分期分批进行的，在采苗期内并非每天都能采到苗。因此，准确掌握其采苗的时机，采好苗的关键是能做到适时地投器采苗。因此为了能准确地掌握好采苗时机，必须做好采苗预报工作。采苗预报的方法如下：

①根据牡蛎性腺发育和消长情况进行预报。采苗期内定点、定时、定量检查牡蛎性腺的发育和消长情况，从而准确推测出它们繁殖的高峰期以及采苗时间。需要注意的是，当水温和盐度适于幼虫固着时，从繁殖高峰出现之日起，一般在 8~14 天可以出现附着高峰。

②根据海区牡蛎浮游虫的发育和数量变动情况进行预报。采苗期内定点、定时、定量采集水样，检查牡蛎浮游幼虫的发育情况及其数量的变动，并且要预测其幼虫附着的日期以及附着数量。在一般条件下，每立方米水体中，牡蛎壳顶后期幼虫数量达到 25~60 个，预计 3 天内附着量可以达到其生产的要求，在每立方米的水体中，如果牡蛎壳顶后期的幼虫能达到 100~300 个，将有足够的附着量。

③根据海区水温和盐度的变化趋势进行预报。采苗期内定点、定时观测海区的水温和盐度，并且根据它们变化的趋势，预测未来一定时期内养殖海域的环境条件能否适合其幼虫变态固着。我国南方海区的牡蛎，幼虫固着时的适宜盐度为 5.17‰~18.30‰，适宜水温为 26~30℃。

5. 采苗的方式　不同的养殖方法，其采苗的方式也会随着其养殖方法的变化而变化。

（1）桥式采苗　本方式适用于桥式养殖法。采苗时，在中潮区附近，将规格120厘米×20厘米×10厘米的石板紧密相叠成"人"字形，石板与滩面交成60°角。由十几块至几十块石板组成一排，每排之间用70厘米长的石板连成长列，同时石板连成的长列的方向要与潮流的方向平行。

（2）立石采苗　立石采苗的方式适用于立石（立桩、立柱）式的养殖法。在采苗时，将120厘米×20厘米×20厘米的石柱叠立于中潮区采苗。

（3）插竹采苗　本方式适用于插竹养殖法。采苗时，以5根竹子为一束插成锥形，50~60束连成一个长列，长列的方向与潮流的方向平行，并且长列之间的间距大约为1米，竹子插入滩涂30厘米深。每公顷插竹子15万~45万根。

（4）投石采苗　本方式适用于投石养殖法。投石采苗的采苗器有三种排列方式：

①散石式。散石的方式适用于较硬底质的沙泥滩和深水场地。在采苗时，把采苗石块单个均匀地散投在海底，不需要整理。

②行列式。在采苗时，最好将单个或两个采苗器一起排列成行，它们之间的行距是50~100厘米，行的方向与潮流方向垂直。

③"砌屋子"式。在采苗时，把2~3块采苗器靠在一起，将其做成房顶的形式。"屋子"的间距为50厘米。

（5）垂下式采苗　本方式适用于垂下式养殖法。采苗时，将采苗器以胶丝或镀锌铁丝穿成串，悬挂在浮筏、栅架或延绳筏上采苗。同一串的两个相邻采苗器之间的间距是1~2厘米，把它们用竹管或瓷管隔开。每串采苗器的长度随海区水深而定。

（二）养殖方法

1. **分苗养殖法** 分苗养殖包括滩涂播养、浮筏或延绳垂下式养殖以及单体养殖等多种方法，与直接养成相比，这些养殖方法可人为控制养殖密度，有效利用养殖水域，养殖周期短，产量高，是牡蛎养殖的先进方式。

目前，养殖太平洋牡蛎中最简便的方法是滩涂播养。滩涂播养指的是将蛎苗按照一定的密度直接播撒在泥滩或泥沙底质的滩涂上进行养成。

垂下式养殖又分：

（1）棚架式 用竹、木或水泥桩等材料在养殖区内搭设一个棚架，然后将附苗器械垂挂在棚架上进行养成。

（2）浮筏式 在浅海域设置浮筏，浮筏由毛竹构成，将附苗器垂挂在筏架上养殖。将圆木或毛竹搭成一个 5 米×10 米或 10 米×10 米的筏子，然后用浮筒作浮力，用锚或砣固定于海底，使筏子浮于水面并随潮水涨落。养成时，将采苗器穿成串，悬挂于筏上养殖。同串的两个相邻采苗器间距 10~15 厘米，用小竹管或瓷管隔开，每串约有 20 个采苗器，悬挂在每筏上的串数要根据筏的大小和海况而定。

（3）延绳式 是指在浅海区域内设置一个浮绠，然后再在浮绠上挂附苗器进行养殖。

（4）吊笼式 单层圆笼式养殖扇贝用的多层网笼都可用来吊养牡蛎。

2. **直接养殖法** 一般像投石养殖、桥式养殖、立桩养殖和插竹养殖等几种方式是比较传统的养殖方法。这些养成方式的共同特点就是采苗器兼作养成器。

（1）投石养殖法

①场地整理。放养前在养成场内插上标定界，在退潮后清理其杂物和有害生物，同时筑畦沟。畦宽7~10米，长度至低潮线止。畦的两侧各挖一条深30~40厘米，宽80~100厘米的水沟，并将挖沟的泥沙堆于畦面中央，做成弓形。深水场地只标界，不需整理场地。

②附着器的排列方式。

a. 满天星式。满天星式指的是均匀地将蛎石散布在养成场内，每公顷投石45000~75000块。

b. 梅花式。由5~6块蛎石堆成一堆，呈梅花形。同一堆中蛎石间距15厘米，每堆间距30~50厘米。

c. 行列式。将蛎石单个或两个一起排列成行，每行30~60厘米宽，然后其长度与畦宽相等，行列式的行间距是50~100厘米。

③养成管理。

a. 移托。为防止附着器下沉埋没牡蛎，必须定期将蛎石托起并重新排列，把原来的行和行距位置调换。移托次数视底质软硬和蛎石下沉程度而定，一般每年2~3次。在移托的同时还要结合除害。

b. 移殖。在有些海区，其采苗后养至第二年的3~4月，在其淡水期到来之前必须移到水较深、盐度较高的养成区养成。移殖养成区每公顷投蛎石苗3000~3750千克，蛎壳苗1500~1875千克。

c. 育肥。牡蛎经过2~3年的养殖后，为了加速生长和增肉长肥，在9月以后，将其移至深水或近河口饵料丰富的海养殖，称为育肥。

（2）桥式养殖法 在使用桥式采苗并且培养了1个月之后，重新将石板疏排整理，这样有利于生长。疏排时，将6~7块石板组成一组，组间用石板连成一长列。组距50~60厘米，列间距1~2米。至当年9月，将蛎石的阴、阳面互换位置，使两面的牡蛎生长均匀。

（3）插竹养殖法　一般是 6 个竹子为一组，插在海底，形状像一个倒扣在海底的漏斗。竹子长度为 1.5 米左右，直径约 10 厘米。在插竹采苗后，最好能将蛎竹疏插，以确保水流的疏通。蛎竹疏插时，竹间距为 10 厘米，蛎竹的数量是 10~100 根，将它们组成一排，排间距 50~100 厘米。

第四节　黄鳝、泥鳅的养殖　　　>>>

一、黄鳝的养殖

（一）黄鳝的繁育

1. 亲鳝选择及培育　在选择黄鳝时，选择的雌鳝其体长最好为 25~40 厘米、个体的体重为 60~150 克，雄鳝的体长则是 50 厘米以上，体重 200 克以上为宜。雌、雄比例为 2∶1 即可。繁殖季节，将雌鳝腹部朝上，可见肛门前端膨胀，微透明，腹腔内有一根 7~10 厘米长的橘红色卵巢，卵巢前端可见紫色的脾脏。雄鳝腹部一般较小，并且腹面有血丝状的斑纹，其生殖孔呈红肿状态，若用手挤压腹部，能挤出少量透明液体，在显微镜下可见活动的精子。

雌、雄亲鳝按 2:1 或 3:1 的比例分开培育，将亲鳝池清整消毒后，每平方米投放亲鳝 20~25 尾。饵料如果是经过人工驯食蚕蛹等动物性饵料，那么在培育期间，最好能做到经常为池子灌注新水，调节水质，并保持水深 10~25 厘米为佳，每周换水两次，每次换水 1/3，保证长时间微流水有利于刺激性腺的正常发育。

2. 催产与孵化

（1）催情产卵 当池子的水温达到 25~28℃ 时，应采用绒毛膜促性腺激素溶液注射对其进行催产，每尾雌鳝注射 400~500 个国际单位，雄鳝减半，注射方法采用腹腔注射效果较好，且效应时间较短。

将药物注射进亲鳝的体内后，雌、雄亲鳝要按照 2:1 或 3:1 的分配比例，将其放入产卵池内经 45~50 小时可自产或挤出卵粒，人工授精时通常先采雌鳝的卵（挤卵或剖腹取卵），再解剖雄鳝取出精液，采用干法授精。

（2）孵化 要根据卵的数量因地制宜地选用孵化器。若其繁殖的数量较少，此时孵化器可选用玻璃缸、瓷盆、水族箱、小网箱等。水深控制在 10~15 厘米为宜。在静水孵化时，要及时清除死卵并经常换水，但前后温差不能超过 5℃ 以上。如果大批量生产，则要采用孵化桶或孵化缸，采取流水法的方式将水中的溶氧增加，同时要使受精卵不断地翻滚，以防鱼卵因沉入水底而窒息死亡。水温 25℃ 时，鳝苗经 5~7 天即可出膜。刚出膜的鳝苗体长 1.2~2.0 厘米，需继续在孵化器中暂养一段时间。

3. 苗种培育 在育苗池中放入鳝苗时，要在卵黄囊逐渐消失（1 周左右）之后，方可投喂浮游动物（枝角类、桡足类和部分大型轮虫），以后用熟蛋黄、豆粉调成糊状投喂，也可用蚌肉、蚯蚓、各种动物血及下脚料加工成糊状均匀地撒入池中，每天投喂 4~6 次，日投饵量占鳝体重的 2%~5%，鳝苗的放养量如果是 450~500 尾/米²，那么到冬季的收获期就可收获 20~40 尾/千克的标准鳝种。

（二）成鳝养殖

1. 鳝种的选择　成鳝养殖的鳝种来源有野外捕捉、市场购买和人工繁育鳝种等几种方式。因为人工繁育的鳝种尚无生产性突破，目前成鳝养殖的鳝种主要来源于野外捕捉或市场采购，或是野外捕捉、市场购买和人工繁育三者的结合。

根据经验，深黄色的大斑鳝以及浅黄的细斑鳝是最适合专业户养殖的黄鳝。因为它们生长得快，增肉倍数为 5~6 倍，其他体色的黄鳝增肉倍数只有 1~3 倍。

鳝种要体壮无伤，体表光滑，游动活泼，规格整齐。选择健康鳝种的方法有：

（1）感官选择　在选择苗种时，可以凭借经验和感觉进行选择。鳝种如果健康，那么就会很活跃，用手捉起，黄鳝能抬头，而且挣扎有力。健康黄鳝一般在池里活动自如，如果水浅，黄鳝往往群集向池的四角钻顶。

（2）流水选择　在选择鳝种的时候，要牢记黄鳝有顶水（逆水）的习性，如果会用力使鳝池的水漩流，向相反方向游走（顶水）的黄鳝是健康的。

（3）钻草或钻洞选择　黄鳝有钻洞穴居的习性，将黄鳝放入有水草或有泥土的水池里，凡积极钻草或钻泥的黄鳝一般都是健康的，如果不钻草、钻泥或者钻草、钻泥的行动比较迟缓、无力者为劣质黄鳝。

（4）药物浸泡选择　把鳝种放在3%~5%食盐水中浸泡4~5分钟，活动正常的为健康鳝种。一般如果鳝种有病的话，就会在盐水中剧烈地蹦跳，体质较弱的个体则会软弱无力，有的甚至出现昏迷现象。

通过上述方法选择的鳝种，可以大大提高养鳝的成活率和产量。

2. 成鳝养殖方式　商品鳝的养殖方式有多种，然而就总体而言，商品鳝的养殖方式可详细划分为池塘（水泥池）饲养和网箱饲养及稻田养殖三大类。其中池塘饲养又分三种类型，即有土养殖、无土养殖和混合养殖。

二、泥鳅的繁殖

泥鳅是属于底栖的小型经济鱼类，其在2龄时性成熟，并且开始产卵。通常成熟的雌鳅会肚大腹圆，胸鳍圆滑，个体大于雄鳅。泥鳅的生殖期一般在4~8月。5月下旬到6月下旬，水温25℃左右时，是产卵盛期。泥鳅分批产卵。用作繁殖的亲鱼，要选择体色正常、体质健壮、无病伤的，选取的雌鳅其体长最好在15厘米以上、体重在30克以上，并且选择腹部膨大的个体，雄鳅可以略小。个体大的雌鳅怀卵量大，雄鳅精液多，繁育的鳅苗质量好，生长快。

（一）泥鳅的自然繁殖

自然繁殖是一种在人工养殖的条件下，让那些成熟的泥鳅自行交配产卵的方法。此方法是一种简便易行的繁殖方法，适合群众和养殖专业户应用。

泥鳅的自然繁殖期通常为5~8月，最盛期为5月下旬至6月下旬。当水温达到18~20℃时，成熟的泥鳅就会开始自然繁殖，它们产卵的时间一般多在雨后或夜间。

泥鳅常选择水田、池沼、沟渠等有清水流入的浅滩作为产卵场所。受精卵常黏附在水草、石头或其他物体上。

如果采用的是自然繁殖法繁殖鱼苗，那么最好能专门设立一个产卵池和孵化池。产卵池和孵化池可以是土池或水泥池，也可以是水箱。大小视需要而定，一般来说，面积不宜过大。

1. 清塘　在每年的春季泥鳅繁殖之前，最好先将池水排干，同时修整好鱼池，然后每亩用70~100千克生石灰清塘，以杀灭有害昆虫、微生物。然后注入新水，水位保持20~30厘米。在池塘种植蒿草、稗草、水浮莲、满江红等水生植物，作为以后泥鳅的产卵巢。同时还可在池塘施入猪、牛、羊粪等，每亩的用量为400~500千克，用以将水体养肥。产卵池的四周最好建有防蛙、鸟等危害及防泥鳅逃逸的设施。

2. 亲鳅的选择　泥鳅的苗种可以从池塘、湖泊、稻田中捕捞，也可以自育选留。在选择苗种时，最好选择体形端正、健康无伤、活动能力强的成熟亲鳅，2~3龄较好。雌鳅要求体长14~16厘米、体重20克，其腹部膨大、柔软而略带弹性，体表有光泽且颜色稍呈黄红色；雄鳅的体长为 10~12 厘米，体重 12~15 克。雌、雄性比为 1：1 或 1：2。

3. 放置人工鱼巢 泥鳅在临产前，最好在池中放置一个人工鱼巢，鱼巢采用棕片、柳树须根或水草等材料即可。

人工鱼巢放置前要清洗、消毒。杨柳须根要经水煮、漂洗、晾晒。棕榈皮要按每千克加 5 千克生石灰浸泡 2 天，再用池塘水浸泡 1~2 天，晒干后再用；或使用 0.3% 的福尔马林（甲醛）溶液将其浸泡 5~10 分钟，或用万分之一的孔雀石绿溶液浸泡 10 分钟左右，也可用十万分之一的高锰酸钾溶液浸泡 30 分钟，可防止水生真菌滋生。然后用竹竿把人工鱼巢固定在产卵池的四角或中央的水中。

在放置了人工鱼巢后，要经常对其进行检查，并且要清洗鱼巢上的泥土和污物，以免影响卵子的黏附效果。

4. 取卵孵化 泥鳅一般喜欢在雷雨天或水温突然上升的天气产卵。产卵的时间多在清晨开始，一直到上午 10 时左右结束，产卵过程需 20~30 分钟。

产卵前，一尾雌泥鳅往往被数尾雄泥鳅追逐，高峰时雄泥鳅以身缠绕雌泥鳅前腹部位，完成产卵受精过程。当泥鳅卵附上鱼巢上后，要注意及时将其取出并放入孵化池或孵化容器内进行孵化，以防亲鱼吞吃卵粒。同时补放消过毒的新鱼巢，让未产卵的亲鱼继续产卵，直至全部雌泥鳅产卵结束。雌泥鳅一次产卵 200~300 粒，经反复数次交配，才能产出其腹内的全部卵粒。每尾雌泥鳅的产卵量一般在 2000~5000 粒，因为泥鳅卵的黏附力很差，所以在操作时要特别小心，防止鱼卵脱落产卵池，要防止蛇、蛙、鼠等危害亲鱼。

孵化池不能有泥鳅，否则泥鳅会大量吞食鱼卵。泥鳅卵孵化对水温要求不严，但以20~28℃为佳。受精卵在经过1~2天后仔苗便可孵化出来。泥鳅的鱼苗在孵出后的第三天，其体色变黑并开始摄食，这时可以投喂煮熟的蛋黄和奶粉等。

5. 自然繁殖的其他形式

（1）苗种来源 为了解决稻田养殖泥鳅的苗种来源的问题，可通过采取人工的办法，让泥鳅在稻田的鱼沟或鱼溜之中进行自然繁殖。方法是：在鱼沟或鱼溜水体10~15厘米的水层中，用网片或竹篱笆围成3平方米的产卵场，内放棕榈片、水浮莲等做鱼巢，然后按雌、雄比为1：3的比例，将成熟的亲泥鳅放入产卵场内，与此同时在田间投放优质饲料。产卵结束后，应将亲泥鳅从产卵场全部捕捞出来，否则，亲泥鳅会吞吃受精卵和孵出的仔鱼。

（2）诱集繁殖 此法是利用泥鳅的自然资源，人工诱集其产卵群体并且获得受精卵的方法。在繁殖季节选择比较僻静的环境，首先于浅水区施2筐草木灰，然后每亩施400~500千克猪、牛、羊等畜类的粪尿，放置人工鱼巢，将泥鳅诱集前来产卵，然后再将人工鱼巢收集来，移入孵化池中孵化。

（二）泥鳅的人工繁殖

1. 催产 泥鳅自然繁殖的受精率、孵化率和成活率都比较低。因此还是人工繁殖的效果好，此法还可以用于有计划地集中生产鳅苗，目前已被生产单位普遍采用。

催产时，将成熟较好的亲鳅用毛巾包裹，用1~2毫升注射器和 4 号针头吸取药液，进行肌肉或腹腔注射。每尾雌鳅注射的剂量为 1 个 PG（垂体）或 HCG（绒毛膜促性腺激素）800～1000 国际单位，雄鳅的剂量则减半。注射时间一般在下午，经 10～12 小时即可发情产卵，人工授精的时间最好安排在半夜。当雌雄鱼频繁追逐，发情达到高潮时，开始人工授精。首先制备精液，可剖腹取出精巢，用剪刀将其剪碎，放在林格氏液（1000 毫升蒸馏水中溶入氯化钠 7.5 克，氯化钾 0.2 克，氯化钙 0.4 克，摇匀）中搅拌，制成精液。然后进行人工授精，将雌鳅用毛巾包住，露出肚皮，轻压腹部将成熟的卵挤入干燥的白瓷盆中，立即用注射器吸取制备好的精液浇在卵上，并用羽毛轻轻搅拌，数秒后将少量清水加入其中，用以增强精子的活力，使精卵充分结合，最后将完成操作的受精卵漂洗几次，放入孵化器中孵化。

2. **孵化** 孵化泥鳅的受精卵一般是利用家鱼的孵化设备，如在环道或孵化缸中进行。孵化最适宜的温度范围为 20～28℃，孵化率在 90% 以上。容器内保持微弱流水，使它有充足的溶氧。孵化用水应清新、富氧、无污染，pH 为 7～8，溶氧在 6～7 毫克/升，不能低于 2 毫克/升。水温 25℃ 时，仅需要 2 天鳅苗就可以被孵出。刚孵出来的鳅苗，全长约为 3.7 毫米；再过 3 天后鳅苗全长约 3.7 毫米；3 天后鳅苗全长 5.3 毫米，鳔充气、腰点出现，卵黄囊消失，开始吃外界食物。此时进入鳅苗种培育阶段。

3. **孵化管理**

（1）**清池消毒** 无论采用何种孵化容器，都必须对所用的容器进行消毒。在孵化的前 10 天，孵化池用生石灰彻底消毒，待药效消失后，注水 30 厘米，把粘满卵粒的鱼巢放入池中孵化。

（2）孵化密度 一般情况下，每升水放 500~1000 粒受精卵是最为恰当的。

①采用孵化缸孵化的，每升水体放受精卵 2000~3000 粒。

②采用孵化槽孵化的，其每升水体最好放 500~1000 粒受精卵。

③采用静水孵化的，每升水体可放受精卵 500 粒左右。

（3）水质 孵化的用水必须清新、富氧、无污染，其溶氧在 6~7 毫克/升，不能低于 2 毫克/升，pH 为 7~8。

（4）控制水量 孵化水深为 10~25 厘米，静水、流水都可以，但最好是微流水。孵化期间为了防止因水质恶化而导致胚胎发育时缺氧死亡，必须定期将新水加入池中，确保水质清新，溶氧充足。

（5）水温管理 泥鳅苗的孵化率被水温的高低直接影响着。因此孵化泥鳅受精卵时的水温范围是 18~31℃，适宜水温是 20~28℃，最适宜的水温是 25℃。

①水温与孵化所需时间的关系。当水温在 18℃ 时，其出膜的时间是 70 小时；20~21℃ 时，出膜时间为 50 小时；24~25℃ 时，出膜时间为 30~35 小时；27~28℃ 时，出膜时间为 25~30 小时。

②水温与孵化率的关系。当水温在 15℃ 时，其孵化率为 80%；水温在 20℃ 时，孵化率则为 94%；25℃ 时，孵化率为 98%。

（6）避免震动 因为泥鳅受精卵的黏着力不是很强，当受到震动时就容易脱落，沉入孵化容器底部而相互黏着成块，这些卵粒容易死掉。所以，应防止孵化用水急剧波动。如在室外孵化，则要防止因风力而引起的水面波动。

（7）清除水霉 如果在孵化的过程中发现了水霉，可用 10 克孔雀石绿和 10 升水配制成溶液洒在孵化器中，使孵化水体的药液浓度在 0.2~0.5 毫克/千克的范围。定期用 $0.5×10^{-6}$ 的孔雀石绿溶液或 $2.0×10^{-6}$ 的高锰酸钾溶液浸洗粘满卵粒的鱼巢。

（8）其他　泥鳅苗出膜阶段，要及时将过滤网上的卵膜和污物清除干净。当仔鱼全部出膜后，迅速把死卵捞出，以免卵腐败造成水质恶化。

4. 泥鳅苗出膜后的管理　刚刚孵出的泥鳅苗还不能自由活动，它们会用头部附在鱼巢或其他物体上，以卵黄作为营养。泥鳅出膜后呈透明的"痘点"状，苗细小，体长 3~3.7 毫米，背部黑色，明显可见卵黄囊。卵孵出仔苗后 6~8 小时，体色逐渐变黑，体长 4.1 毫米；孵出 12 小时后，可见卵黄囊前下方的心脏有微弱的跳动，大约每分钟 20 次；在孵出 40 小时后，其体长为 4.6 毫米，眼睛由灰变黑，卵黄囊变小，口下位，开始活动；55~60 小时后，体长可达 5.3 毫米，卵黄囊会全部消失，并且其尾鳍条开始长出，胸鳍显著扩大，鳔也已经出现，此时其肠管内充满食物，鱼苗已开始摄食。

所以，在孵化出苗后第三天，取出鱼巢，开始投喂煮熟研碎的鸡蛋黄（每 10 万尾 1 个鸡蛋黄）或鱼粉悬浮液，每天 2 次，并且投喂量要以 1 小时内吃完为限。随着鳅苗个体的增长，可逐渐投喂豆浆、水蚤、小轮虫、捣碎的丝蚯蚓或蚕蛹等，连喂 3 天，待鱼体由黑变成淡黄色时，即可转入仔鱼培育阶段。

水的深度要保持在 20~30 厘米，其密度要保持每平方米在 500~1500 尾，如果鱼苗过密应取出部分鱼苗另池培育。同时，还要注意敌害侵入和天气变化，最好能在孵化池上覆盖薄膜，以防敌害和寒潮雨水侵袭。

第五节 水产品疾病防治 〉〉〉

(一) 鲤痘疮病

鲤痘疮病危害的鱼类主要是鲤鱼、鲫鱼及圆腹雅罗鱼等，此病一般在冬季及早春低温（10～16℃）时流行。在水质肥的池塘水库、网箱内，当水温升高后，会逐渐自愈。通过接触传播，也有人认为单殖吸虫、蛭、鳋等可能是传播媒介。

1. 症状　此病症状的表现是早期病鱼体表会出现乳白色的小斑点，同时在其体表还会覆盖一层很薄的白色黏液，随着病情的发展，白色斑点的大小和数目逐渐增加和扩大，直径可从1厘米左右到数厘米，或更大些，厚1～5毫米，严重时可融合成一片；增生物表面原为光滑，后来会变得粗糙，玻璃样或蜡样，质地由柔软变为软骨状，较坚硬，俗称"石蜡样增生物"，状似痘疮，故痘疮病之名由此得来。这种增生物一般不能通过摩擦掉落，但增长到一定程度，会自然脱落，接着又在原患部再次出现新的增生物。增生物面积不大时，对病鱼，特别是大鱼，其危害不是很大，并不会致鱼死亡，但是如果增生物占据鱼体的大部分，那就会严重影响鱼的正常发育，对骨骼，特别是对脊椎骨的生长会造成严重损害，可发生骨软化。病鱼生长受到抑制、消瘦、游动迟

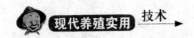
缓，甚至死亡。组织学检查，增生物为上皮细胞及结缔组织增生形成，其组织细胞层次混乱、组织结构不清，并且有大量的上皮细胞堆积增生，而且在有些上皮细胞的核内可见包含体。电镜下在增生的细胞质内可以见到大量的病毒颗粒，病毒在细胞质内已经包上了囊膜。

2. 防治

①为预防鲤痘疮病，可加强综合预防措施，并且要严格执行其检疫制度。

②流行地区改养对该病不敏感的鱼类。

③升高水温及适当稀养也有预防效果。

④预防此病，还可将病鱼放入含氧量高的流动的清洁水中，如此一来其体表的增生物便会自行脱落。

⑤治疗此病，可采取的措施是在每尾鱼的肌肉内注射 25 毫克氯霉素，然后再将其放入 0.23 毫克/升氯霉素药液中浸洗，3 天后病灶好转，7 天后能见到明显效果。

(二) 虾黑鳃病

1. 症状　虾黑鳃病的症状表现为虾体的鳃部、腹部及各附肢变黑，从而造成鳃功能障碍，影响其呼吸。在高温期，此病由池底形成还原层而引起，或虾体损伤后，由真菌中的镰刀真菌或细菌感染所致。

2. 防治　在虾黑鳃病发病前，要采取一些有效措施防止池底恶化，在其发病后要设法彻底清除残饲和池底有机物及换水，可用 3 毫克/升孔雀石绿长时间药浴，或用 3 毫克/升呋喃唑酮药浴 2~4

次，或与 15 毫克/升甲醛混合后药浴，疗效好。

(三) 河蟹纤毛虫病

1. 症状 固着类的纤毛虫寄生在河蟹的幼体上时，常常是在河蟹的头胸部、腹部等处分布，同样其在抱卵蟹的卵粒上也可寄生，但很少见寄生附肢上者。幼体被该类寄生虫附着后，附着部位如棉绒状，蟹幼体的正常活动受到影响，摄食量减少，呼吸受阻，蜕壳困难，使幼体大量死亡。腹管虫和间隙虫寄生在病蟹上时，其全身会被黄绿色或棕色的绒毛所覆盖。固着类的纤毛虫一般多寄生于关节、步足、背壳、额部、附肢及鳃等处，病蟹负担加重，鳃部流出来的水流缓慢，触角不敏感，手摸病蟹体表和附肢有滑腻感。病蟹一般在黎明前后死亡。

2. 防治

预防：为预防此类病症的发生，最好能将放养的密度保持在合理的范围内；经常要换新水，保持水质清新，并投喂新鲜可口的饵料；可泼洒甲壳净 150~200 克进行预防。

治疗：防治河蟹纤毛虫病时，可将每亩每米的水深使用 400~500 克纤毛净，将其化水全池泼洒；每亩每米水深用甲壳净 200~300 克，化水全池泼洒；用大蒜素 3‰拌饲投喂 4~5 天。

(四) 海马气泡病

1. 症状 海马气泡病发生时的症状是，当海马身体上的各处表皮隆起时，会产生许多大小不等的气泡，影响正常生活，浮于水面，失去平衡，呼吸困难；特别是生长在吻部的气泡病能使海马呼吸闭塞并发生炎症而死。

2. 防治 为防治此病，保持水质的清洁以及控制藻类的繁殖是最有效的措施。当其发生时，将病海马移至新鲜海水中，或用 5 毫克/升高锰酸钾海水浸洗 5~10 分钟。

第七章
特种经济动物的养殖

第一节 肉兔、长毛兔的养殖 〉〉〉

一、肉兔的养殖

(一) 肉兔品种

1. 中国白兔　中国白兔属于一种古老的地方品种，由我国劳动人民长期培育并且饲养，全国各地均有饲养，但以四川等省份饲养较多。中国白兔以白色（红眼）者居多，兼有土黄、麻黑、黑色和灰色等。中国白兔主要供作肉用，故又称中国菜兔。

2. 日本大耳白兔　原产日本的日本白兔，是由中国的白兔和日本兔杂交选育而成的，因为在培育过程中特别注意了对耳朵的选择，又称日本大耳白兔。

3. 青紫蓝兔　青紫蓝兔的原产地在法国，因它们的毛色很像南美洲珍贵的毛皮兽青紫蓝绒鼠而得名。青紫蓝兔被毛蓝灰色，每根毛纤维自基部向上分为 5 段，即深灰色—乳白色—珠灰色—雪白色—黑色。在微风吹动下，其被毛呈现彩色旋涡，轮转遍体，甚为美观。它们的耳朵尖，尾面呈现黑色，眼圈、尾底及腹部呈现白色，腹毛的基部又是淡灰色。青紫蓝兔外貌匀称，头适中，颜面较长，嘴钝圆，耳中等、直立而稍向两侧倾斜，眼圆大，呈茶褐或蓝色，并且其体质健壮，有着粗大的四肢。被世界公认的青紫蓝兔有标准型青紫蓝兔、美国型青紫蓝兔和巨型青紫蓝兔。

4. 弗朗德巨兔　起源于比利时北部弗朗德一带的弗朗德巨兔，在欧洲各国均有分布，但长期被误称为比利时兔，直至 20 世纪初，才正式定名为弗朗德巨兔。该兔是最早、最著名和体形最大的肉用型品种。

5. 比利时兔　比利时兔属于古老的品种，据说其是一种被英国育种学家采用原产于比利时贝韦伦一带的野生穴兔培育而成。

6. 垂耳兔　垂耳兔，顾名思义，其两耳长、大且下垂。因为它们的头形形似公羊，所以又被叫作公羊兔。据报道，该兔首先出自北非，后输入法国、比利时、荷兰、英国和德国。由于引入国采用不同的选育方式，因此在世界各国的垂耳兔具有不同的特色。其中最著名的有法系、英系和德系等垂耳兔。我国于 1975 年引入法系垂耳兔。

7. 新西兰兔　新西兰兔的原产地在美国，近代世界最著名的肉兔品种之一就是新西兰兔，它们也是常用的实验兔，广泛分布于世界各地。由弗朗德巨兔、美国白兔和安哥拉兔等杂交选育而成。有白色、红色和黑色 3 个变种。红色新西兰兔在 1912 年前后于美国加利福尼亚州和印第安纳州同时出现，红色新西兰兔是采用比利时兔和另一种白色兔杂交选育而成的品种。由于其貌与原产新西兰的一种家兔相似，故称作新西兰兔。黑色新西兰兔出现较晚，是在美国东部和加利福尼亚州用包括青紫蓝兔在内的几个品种杂交选育而成，它们之间并没有所谓的遗传关系。因为白色是其品种中生产性能最高的，故我国多次从美国及其他国家引进该品种，均为白色变种，表现良好，深受我国各地养殖者欢迎。

（二）肉兔的饲养管理

管理饲养的肉兔是为了更好地改善兔肉的品质，使其产肉的性能有所提高，从而生产出又多又好的兔肉。作为肉用兔的有新西兰兔、加利福尼亚兔、日本大耳兔、哈白兔、塞北兔等，近年来又引进了德国的齐卡杂交配套系（三系配套）和法国的布列塔尼亚杂交配套系（四系配套），这些品种的兔都表现出了十分良好的产肉性能，在被饲养到90天左右即可屠宰，兔肉鲜嫩，口味好。但是这些配套系也存在着制种成本较高，饲养的集约化程度要求严格的问题，在农村大面积推广尚有难度。如果利用这些配套系中的快速生长系与我国某些地方的当家品种相结合，比如与新西兰兔等品种进行二元杂交便能生产出商品兔，在短时期内就能取得很明显的经济效益。幼兔育肥一般不去势，成年兔育肥，去势后可提高兔肉品质，提高育肥效果。肉兔的饲喂方式，一般采用全价颗粒饲料任其自由采食，并且按照肉兔所需的营养配制营养成分。5~25℃一般是最适合肉兔的温度，与此同时需减少光照和活动范围，尽量保持安静，不让肉兔运动，以达到迅速生长目的。采用自由采食全价颗粒饲料时，肉兔就会快速增重，因为饲料的报酬比较高，但在采用颗粒料饲喂时，一定要提供足够的饮水。

（三）兔肉加工

1. 发酵兔肉香肠

（1）原料　70千克兔肉，30千克猪背膘，3千克盐，8千克糖，0.5千克味精，0.15毫克/克亚硝酸钠，0.4豪克/克异抗坏血酸钠，0.5千克混合香料，发酵剂菌种（植物乳杆菌6003、戊糖片球菌10196）的含量为10^6个/克。

（2）操作要点

①原料肉的整理与分割。首先将兔肉清洗干净，剔除掉其筋膜和脂肪，将其切碎，然后用 35℃ 温水漂洗猪背膘，切成 0.8 ~ 1.0 平方厘米左右的肉丁。

②拌料。将兔肉与猪背膘以及辅料按比例混合。

③接种。将菌种复活，扩培，接种于置配好的肉中。

④灌制。用手动灌肠机在肠衣中灌入拌好的肉料，在灌制的过程中需要特别注意防止杂菌污染。

⑤发酵。发酵过程中，前 8 小时温度为 27℃，相对湿度为 90%，接下的 10 小时温度为 20℃，相对湿度为 85%。

⑥成熟。成熟温度为 15 ~ 18℃，时间 50 天。产品特点：肠衣干燥，切开香肠，色泽绛红，其香味极其浓郁，入口中时其口感微酸，并且毫无兔肉的腥味。

2. 五香兔肉

（1）选料 制作五香兔肉时，最好选用重量为 1.5 ~ 2 千克的家兔，将其宰杀后除去淤血、杂污和毛，用清水洗净，切块，分头颈 2 块，前后腿 4 块，中部 1 块。然后入锅加水，用旺火煮沸 5 分钟，除去腥气，然后用凉水漂洗，冷却备用。

（2）配料 100 千克的净兔肉，丁香、乳香、桂皮、八角、陈皮、硝水、精盐各 100 克，麻油 3 千克，黄酒 5 千克，白糖 6 千克，上等酱油 5 千克，将五味香料碾碎，装袋扎口，放入锅内，再加清水适量，放入黄酒、白糖、精盐，在旺火上煮成卤水。

（3）浸卤 将调制好的兔肉块放进卤锅，用旺火煮透后再捞出，抹去其浮沫；晾凉后再用清汤浸泡 1 小时，取出沥干。把肉块放入用硝水、葱花、姜汁配成的溶液中浸泡 30 分钟，取出沥干，再用熟麻油涂抹肉表面即为成品。

在食用五香兔肉时，如果将蒜泥、麻油、酱油或醋制成的调料汁洒在兔肉上，味道会更佳。

3. 新型发酵兔肉

（1）原料　兔肉、食盐、白糖、生姜、花椒、胡椒、桂皮以及八角等各适量。

（2）操作要点

①切块整理。把兔肉切成3~4厘米长、约2厘米宽、0.5~2厘米厚的肉块（带骨或剔骨均可）。

②煮制。将肉块放入沸水中煮制2~3分钟，煮制时间不能太长，否则肉块易收缩变小，产品肉质变硬。

③沥水冷却。从沸水中捞出肉块，放入清水中冷却，撇净油脂后沥干水分。

④腌渍液准备。根据质量的百分比将4%~5%的食盐和3%的白糖溶化在水中待用；如要放入香辛料，可将香辛料用棉纱布包好，与水一起煮沸后冷却。

⑤入坛、接种。将肉块与腌渍液按体积比1∶2装入陶瓷坛，注意要使肉块浸没在液面下；用产酸能力较强的乳酸杆菌和干酪乳杆菌作为发酵菌株，然后对兔肉进行双菌株混合发酵，接入活化扩大培养好的菌液，盖好坛盖，并水封。

⑥发酵。在恒温培养箱中于36℃下发酵16~20小时。

⑦加热灭菌。产品包装后在0.11兆帕、1~21℃条件下灭菌25分钟。在常温下可贮藏3个月以上。该产品肉质细且嫩，色泽淡红，有浓郁的香气，咸酸适宜，具有非常典型的泡菜风味。

4. 冻兔肉的加工

（1）原料要求　冻兔肉的肉兔材料必须从非疫区挑选。所以在肉兔被宰前要经过12个小时以上断食休息，但必须充分给水。再经检查，无病者方可送宰。

（2）加工、分级 活体肉兔应用电压70伏左右、电流0.75安培左右的麻电器，触及兔耳的后部，然后将其宰杀，把血放净，放血的时间不能少于2分钟。经过擦洗、剥皮、去尾、截肢、剖腹等工序，再做必要的修整，即成肉兔原体。我国出口的冻兔肉，主要分为去骨兔和带骨兔两种。带骨兔肉按重量分为四级，去骨兔肉主要按解剖部位进行分割。带骨兔肉的分级标准是：特级，每只兔肉的净重在1500克以上；一级，兔肉每只净重1001~1500克；二级，每只净重601~1000克；三级，每只净重400~600克。去骨兔肉的分割部位是：前腿肉自第2颈椎至第10、第11胸椎，向下至肘关节进行分割，剔出椎骨、胸骨、肩胛骨，沿着背线将其劈成左、右两半；背腰肉从第10、第11胸椎到荐椎分别进行分割，然后剔出胸椎和腰椎；后腿肉自荐椎向后，下部至膝关节进行分割，剔出荐椎、尾椎、髋骨、股骨、胫骨及胫腓骨上端。

（3）包装要求 带骨的兔肉在包装前必须将其两前肢的尖端伸入腹腔，然后两后肢呈弯曲状，用无毒塑料薄膜将每只带骨兔肉包卷一圈半（背部须包两层）装袋。纸箱或塑料箱大小以57厘米×32厘米×17厘米比较适宜，每箱净重20千克；用无毒塑料薄膜包装每块去骨兔肉，其每箱可装的兔肉是4块，净重为20千克。

（4）冷冻要求 出口冻兔肉一般采用速冻冷藏法。即将分级、装箱后的兔肉送入温度为-25℃以下，相对湿度为90%的速冻车间，分层排列铁架上。速冻60~70小时，待肉温达到-15℃以下时，再将其转入冷藏库，冷藏库车间一般的温度须保持在-19~-17.5℃，其相对湿度为90%。温度要保持稳定，若忽高忽低，易造成肉质干枯和脂肪变质而影响兔肉的品质。

二、长毛兔的养殖

（一）长毛兔的品种

1. **美吉尔彩色长毛兔** 美吉尔彩色长毛兔是一种新特长毛兔品种，是由美国动物专家经过 20 多年的时间，利用 DNA 转基因技术培育而成的新特长毛兔品种。其兔毛具有"软黄金"的美称，毛色有黄、灰、蓝、黑、棕等多系列，单体单色彩。彩色长毛兔具有耐热、耐寒、喜干燥的习性，成年兔适合生长其种兔的繁殖温度最好是在 5～30℃。彩色长毛兔因为性成熟时间早，妊娠期短，所以繁殖力强，每年产 5～6 胎，每胎 6～8 只，幼兔 3 个月左右体重可达 2 千克，饲养方式与白色长毛兔相同，属高胎多产的草食动物。成年美吉尔彩色长毛兔每 75～90 天可采毛一次，是唯一一种没有经人工染色的天然有色特种纤维。如果毛纺品是用它织成的，不仅手感柔和细腻、清爽舒适，而且吸湿性强、透气性高、保暖性好，具有天然色彩及环保护肤的特效，色调柔和、永不褪色，深受国内外消费者的喜欢。

2. **中系长毛兔** 中系长毛兔是我国江浙一带的群众在利用了 19 世纪引进的英、法两系长毛兔杂交的基础上，导入中国白兔的血液，经过长期选育而形成，其类群较多，外形差异较大。它的代表类型是"全耳毛""狮子头"。该兔周身如球（侧面看外观似毛球），双耳如剪，两眼如珠，脚如虎爪，同时其头上的毛发茂盛，耳朵上的毛发浓密，背毛和腹毛都很齐全。

3. **巨高长毛兔** 目前，随着兔毛产业的快速发展，育种毛兔工作也随之进入了一个新的历史阶段。因此为了提高产毛量和毛的

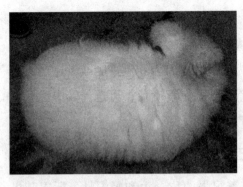

巨高长毛兔

品质，我国南部几个省市，尤其是浙江省的一些县市，培育出一些巨型高产的长毛兔，简称巨高长毛兔。在2000年的10~12月全国家兔育种委员会对浙江省宁波市镇海种兔场培育的巨高长毛兔进行了部分生产性能测定，实测数量1000只，其中母兔800只、公兔200只，养毛期73天。

（二）长毛兔的分段饲养

①当母兔正处于怀孕期时，为了保证胎儿发育所需的营养必须要给母兔提供充足的全价配合饲料。在日粮配方中，不但要供给充足的蛋白质、矿物质和维生素等营养物质，还要特别注意粗纤维的含量不应少于日粮的15%。临产前3天适当减少配合饲料的喂量，多喂青饲料。产箱彻底消毒后将母兔放入其中，同时在箱内铺垫上清洁且柔软的草垫，而且还要减弱笼内光线。母兔常于夜间和凌晨分娩，自分娩到仔兔断乳需30~45天，此间既要供给充足营养保证乳汁的分泌，又应避免母兔过食而引起消化不良以及乳房炎等疾病。

②仔兔刚出生的20天内，基本上全靠母乳维持生命，其适应能力很弱，所以必须精心护理，保证其每天吃足奶。缺奶仔兔应及时用保姆兔带着或人工哺乳。仔兔开眼前，要加强产箱内的保温和清洁措施，防止鼠害和兽害。开眼后的仔兔应适时补给一些易消化、营养好的饲料以及适量的青绿饲料，并随着仔兔的日益增长而

逐渐加大对其饲喂量。

③对消化力强、生长较快的青年兔，应以供给青粗料为主，精料为辅，保持中等偏上膘情为度，以免因为养得过肥或者过瘦而影响其使用价值。在仔兔的体重达到一定程度后，可选择其中优秀者留作种用，其余则转作培育产毛之用。

（三）长毛兔兔毛加工

1. 兔毛的贮藏　兔毛有着很强的毡合力和吸湿性，所以其极容易受到物理化学因素的影响，稍微贮藏不当就会结块、发黄和变脆，还会受到虫蛀。如兔毛一时未能售出，可用以下方法短期贮藏。

（1）箱贮　选择干燥完好的木箱或纸箱，内壁用纸糊上，底部铺上一层薄薄的干石灰，再用纸盖上。将樟脑丸的布袋（内装一般是 3~4 个樟脑丸）在箱的四角及中央各放一袋；然后将兔毛分等级装入不同的箱内，放至约 20 厘米厚时轻轻压一下（不可熏压），依上法再放入几袋樟脑丸，继续装毛，以后每隔 20 厘米重复上法，直至装满，最后上面放几袋樟脑丸，同时在其上覆盖一张纸，便可将箱盖合拢。封箱后，要将箱子放在离地面 60 厘米通风干燥的地方，或悬挂于屋梁上，不可靠墙或着地。

（2）缸贮　选择清洁干燥的缸（放过咸货的不能用），底部先放一层小石灰块，上盖一圆形薄木板或纤维板，再将洁白的纸铺在木板上，然后依照箱贮法在缸内装入兔毛。装满后，上面铺上一层干净的纱布，布上再放几袋樟脑丸，最后加盖保存。

（3）柜贮　先用干燥棉絮垫底，上铺白纸或被单，柜四周及中央放上樟脑丸，再将分好级的兔毛一层一层地装入柜中，兔毛每放一层就均匀地在其上放几袋樟脑，当兔毛放完后，即可闭门保存。

不论采用何种方法贮存兔毛，每隔一定的时间（不超过1个月），选择晴天打开检查一次，如果发现有潮湿的兔毛，就要将兔毛取出来，晒1~2小时（时间不能过长），晒好之后将其移至通风干燥处摊在木板上晾干，包装物也应晒干后再用，待兔毛晾干后按原法保存。如果兔毛无变化，只要打开顶盖（或柜门）通气2~3小时，即可继续封盖保存。切忌阴天检查。

2. 兔毛的包装　为了方便兔毛的贮存和运输，一般对松散的兔毛会事先将其进行合理的包装。

（1）布袋包装　用布袋或麻袋装毛缝口，外用绳子捆扎，每袋装30千克，装毛应压紧。包装过松，经多次翻动，容易使兔毛纤维相互摩擦而产生缠结毛。

（2）纸箱包装　采用清洁、干燥的纸箱，在箱内衬上塑料袋或者是防潮纸，将兔毛装入其内加封，外用绳子捆扎。这种包装仅适用于收购兔毛数量不多的基层收购站做短途运输。

（3）打包包装　采用机械打包，外用专用包装布缝口，每件重50~75千克，包上打印商品名、规格、重量、发货单位以及发货时间等标注。此包装通常是适用于长途运输或出口的。一般省级畜产公司将县级调运来的兔毛，经过分选、拼配、开松和除杂等加工程序后进行此种打包。

3. 兔毛的囊色加工　兔毛囊色加工使用的主要原料有白色、灰白色的兔毛皮以及各种染料，如酰氧乙苯胺、没食子粉、对氨基酸二氨酚、洗涤粉、过氧化氢、间苯二酚、苯二酚、亚硫酸盐二氨基苯、焦儿茶酚、25%氨重铬酸、硫酸、食盐、表面活性剂、松节油等。

其制作方法是：首先把白色或灰白色的兔毛皮染成黑色，然后称取重铬酸钾3~5克/升、硫酸1克/升、食盐10~20克/升、表面活性剂 1 克/升，配制成液体系数为 10 的活性剂溶液，加热到 25~28℃，将毛皮放到加温的液体中浸泡 3~4 小时，在浸泡过程中要经常翻动毛皮，浸泡好后将其捞出，然后拧出其中的水液，再放入由10 克/升的亚硫酸、10~20 克/升的食盐所组成的溶液中，溶液温度保持在 28~35℃，浸泡 8~10 小时，其间要经常翻动。

经过浸泡后的毛皮要在室温下用清水冲洗 15~20 分钟，冲洗完毕拧干，将其立即放入染缸。染缸中的配液：对二氨基苯 3~5 克/升，焦儿茶酚 2 克/升，25%的氨 1 毫克/升，洗涤粉 1 克/升。将毛皮放入染缸后 30 分钟，往溶液中加入 30%的过氧化氢 6 毫克/升，溶液的温度要保持在 28~35℃，染色时间为 3~6 个小时，染色过程中毛皮要经常翻动。染好色后，放在 1~15 克/升的洗涤粉水溶液中清洗，水温在 35℃左右，不断翻动，然后放在清水中浸泡 30 分钟。一定要清洗干净，如果毛皮上的二氨基苯没有洗净，因其有毒性，会损害人的皮肤。要检验其是否被洗净的方法是取出其中一块毛皮，然后将其放入少量水中洗涤，10 分钟后，加一滴 1%的氧化铁，经 2~3 分钟，如果出现蓝绿色或绿色，则毛皮还需清洗一次。洗净后，再称取纱锭油 10 克/升、洗涤粉 1 克/升、松节油 1 克/升，混在一起，加热并且不停地搅拌，使它的温度达到 80℃，之后再将其冷却到 45℃，还可以将毛皮放在溶液中浸泡 1 小时，再往溶液中加 40~60 克/升的食盐，经常翻动毛皮。加工总持续时间为 25小时，染后对毛皮进行修正，晾干毛皮后再将其揉软，将毛绒梳开。

总而言之，兔毛的囊色加工的整个工艺流程是十分复杂的，而且其要求非常精细。只有做好活化剂浸泡、染色、清洗、盐浸、整修、晾干、梳绒等每一步工作，才能提高毛皮的经济价值。

第二节 马、骡、驴的高效饲养 　　　>>>

一、马的优良品种和饲养管理

(一) 马的品种

1. 蒙古马　主要产于内蒙古草原的蒙古马在中国乃至整个世界都属于比较古老的马种之一，是典型的草原马种。蒙古马体格不大，平均体高 120~135 厘米，体重 267~370 千克。身躯粗壮，四肢坚实有力，体质粗糙结实，头大额宽，胸廓深长，腿短，关节、肌腱发达。被毛浓密，毛色复杂。它们耐劳且不畏寒冷，生命力极强，能够适应极粗放的饲养管理，能够在艰苦恶劣的条件下生存。8 小时可走 60 千米左右的路程。经过调驯的蒙古马，在战场上不惊不乍，勇猛无比，历来是一种良好的军马。

2. 河曲马　河曲马也叫乔科马，属于我国著名的地方优良马种。它们在州内玛曲、碌曲、夏河等地都有分布。而以地处黄河首曲部的玛曲曼尔玛、采尔玛、欧拉、阿万仓及河曲马场等地所产的最为有名。

河曲马的结构匀称，耳长且敏捷，背长腰短平直，胸深广，四肢关节的筋腱发育壮实。毛色以黑、青为主，也有骝、栗等色。河

曲马繁殖性能好、有稳定的遗传性，性情温顺，气质稳静，对高寒多变的气候有极强的适应能力，在海拔 4000 米以上的高山骑乘，行走自如，特别善走沼泽草地。它们的适应能力极强，并且具有挽乘驮载兼用的体形，所以其因为役用性能颇佳而享誉骑兵与各地农牧民。

3. 藏马　藏马，顾名思义，其产于青藏高原，分布范围在海拔 3600~4000 米的高原上。

藏马体尺接近于蒙古马，大于西南马。头较小，胸宽深，后躯发育良好。体质非常结实，善于攀登山路，乘、挽、驮都可以，是藏族同胞的重要交通运输工具。

4. 伊犁马　产于新疆伊犁哈萨克自治州的伊犁马，昭苏、尼勒克、特克斯、新源、巩留县是其主要产区。是在哈萨克马的基础上，与引入品种进行杂交而培育出的乘挽兼用型品种。目前新疆伊犁已有 40 万匹。

（二）马的饲养管理技术

1. 一般原则

（1）定时定量，少给勤添　马的消化生理特点是：胃容积小、贲门紧缩及胃中食糜转移快等。定时定量，有利于后效行为的建立，有利于食物消化吸收。可根据马匹体格大小、工作轻重、季节气候等情况，每昼夜喂 3~4 次，每次可以饲喂八成饱，防止消化不良，可以使饲料一直保持新鲜度，如此可提高马旺盛的食欲，促进其消化液的分泌，从而提高饲料利用率。

对于精料，日给饲量超过体重的 0.5% 时，投喂次数以 2 次或者更多为宜，时间间隔 10~14 小时。正在生长的或者处于生产期的马可以日喂 3 次。

作为大型草食动物，马每天要花费 10~12 小时在厩舍或草场采食。饲料消耗量因品种、生长（或生产）阶段、活动强度等不同而有差异，一般饲料消耗总量占体重的比例为 1.5%~3.5%（表 7-1）。

表 7-1　马的预计饲料消耗占体重的百分数（风干料大约含 90% 的干物质）

类　别	饲　草	精　料	总　计
壮年马			
维持状态	1.5~2.0	0~0.5	1.5~2.0
母马			
早妊娠	1.0~1.5	0.5~1.0	1.5~2.0
晚妊娠	1.0~2.0	1.0~2.0	2.0~3.0
晚泌乳	1.0~2.0	0.5~1.5	2.0~2.5
使役马			
轻型使役	1.0~2.0	0.5~1.0	1.5~2.5
中等使役	1.0~2.0	0.75~1.5	1.75~2.5
重型使役	0.75~1.5	1.0~2.0	2.0~3.0
青年马			
被护理的马驹，3 月龄	0	1.0~2.0	2.5~3.5
刚断奶的马驹，6 月龄	0.5~1.0	1.5~3.0	2.0~3.5
满 1 岁（赛马），12 月龄	1.0~1.5	1.0~2.0	2.0~3.0
1 岁以上的马，18 月龄	1.0~1.5	1.0~1.5	2.0~2.5
2 岁的马（24 个月）	1.0~1.5	1.0~1.5	1.75~2.5

（2）适当加工，先草后料　马因为裂口小，所以采食相对较慢，每次可咽下的草料为 15~20 克，对体大形长的粗饲料不易采食。因此，应对长茎粗秆饲料进行加工，提高其采食速度和饲料利用效率。农谚说得好，"寸草锄三刀，无料也上膘"，就是这个道理。当然，由于饲料的不同状况以及饲养的方式有所差别，所以发达国家对此并不以为然。即使是对于谷类饲料，大部分的国家也不主张进行研磨加工，推荐通过制粒、压轧等方式粗略加工处理，其直径一般为 0.51~1.92 厘米为宜。

在保证饲料适口性的前提下，廉价的粗料也要充分地利用，将精料与其适当地搭配，这样既可以发挥粗料的生产能力，又能够降低成本。一般来说，每天粗饲料的供应量最少不能低于体重的1%，这样可以预防或减少马咬尾、啃木等恶癖。

根据测定，在喂马干草时，其分泌的唾液量大约是食饲料的4倍；而当其采食精料时的分泌量，仅为采食粗料时的1/2。"先粗后精"或者"先草后料"的饲养方式，可刺激消化液的分泌，从而使饲料的利用率有所提高，同时也可防止马由于贪食而引起消化道方面的疾病。

（3）合理搭配，循序渐进　喂马使用的饲料多样化，将其营养做到全面兼顾。人们所讲的"花草花料，牲口上膘"，就是讲营养的互补作用。

根据马的生物学特性，应选粗纤维低，适量而品质优良的蛋白质，低脂肪，体积小，适口性好，质地松且软，容易消化，同时还具有轻泻性的饲料。饲料中若含有幼嫩青草、多汁料可增加其适口性。当然，变换饲料切忌突然，应循序渐进，特别是从完全的草料向大量精料转换时。如需要增加谷类料时，可每隔2~3天定额增加20%，直到达到期望水平。突然变更饲料，就会破坏它们原来的条件反射，如此一来便会导致消化道方面的疾病，如疝痛、便秘等。

（4）充分饮水，切忌热饮　水分占马体重的65%~70%，每天分泌消化液70~80升，再加上呼吸和出汗损失大量水分，因此饮水对马十分重要。一般每天饮水3~4次，夏季可饮水5~6次。马饮用的水必须要干净，水温保持在8~12℃最好，它们的饮用水以饮流水、井水为佳。

切忌"热饮""暴饮""急饮"。马刚作业完，体温、脉搏尚未平复，加之作业后马燥热饥渴，极容易暴饮，如此一来可能会引起疝痛或孕马流产，影响其心脏的健康，破坏其消化的功能，故有"饮马三提缰"之说。

马役或高强度运动后，不应让马急于饮水，先让其歇一会儿落汗，每隔 3~5 分钟啜饮几口，直到体温恢复正常后才能放任它们自饮。或者在它们落汗后赶其上槽先喂它们吃点干草，然后再饮水；喝足后，吃完拌料的草，最后再饮一次。所以，群众有"头遍草、二遍料，最后再饮到"之说。

(5) 保持清洁，注意观察　管理人员要做到"三勤、四净"。"三勤"就是说饲养员要眼勤、手勤、腿勤，"四净"即草净、料净、水净、槽净。地面不要有垃圾，槽内不要有余草，厩舍不要有怪味。草料灰尘太多，变质发霉，含有杂质或者经虫侵害都会明显降低饲料的适口性，还会导致其采食量减少，严重者还会发生一些不可逆转的呼吸疾病或者中毒症。俗话说："草筛三遍，吃了没病。"马匹喂饮时要做到人不离槽，心不离马，精心饲养。注意观察马的采食状况，有无异常举动和体况变化等。

同时值得一提的是，马分类饲养管理的基础是马体况的评分，发达国家对此比较重视，专门研究制定了马体况评分系统用于对群体、个体生长发育情况进行评价分析。一般依据颈部、鬐甲、肋部、腰部、尾础和肩后 6 个部位的骨骼、肌肉发育及脂肪沉淀情况，将其体况分为太瘦、瘦、适中、丰满以及胖 5 个分值标准（或者 9 个标准）。根据马的标准体形状态，利用马的体形外貌以及触诊诊断的结果进行评价分析，并根据结果调整和实施不同类型、不同阶段马的饲养管理技术和方法。这种方法已被世界各国广泛应用，对此，专业的饲养管理人员和兽医可参照一些相关资料进一步地了解和学习。

2. 日常管理

（1）厩舍环境 保持厩舍内干燥，适宜的湿度为 50%～70%。厩内潮湿，利于细菌繁殖，马易染疾病，若马遇上湿热，就会导致其散热受阻，代谢降低，进而食欲废退，湿热持续时间过长易得热射病；若为潮湿寒冷，消耗体热过多，易患感冒等。厩舍内最适宜的温度为 20℃，因此在冬季时要注意防寒，夏季则要注意防暑。冬季厩内的温度应在 3～6℃，但以日温 10℃ 为好。

厩舍内要有良好的通风换气条件，尤其在夏季，马的粪尿、褥草腐败分解会产生氨和硫化氢，舍内积蓄过多引起中毒情况的发生；而且，若空气不流通，换气不好，厩内的氧气就会减少，同时二氧化碳增多，会影响马匹健康。厩舍内还应有良好的采光性，有利于厩舍的干燥，以及马的钙代谢和神经活动。

厩内的粪便每天都要及时清除，并且要添加垫草，检查其饮水的容器是否干净；而且每周都要更换褥草，驱灭蚊蝇，保持清洁。

（2）皮肤卫生 常规梳理是马保持健康所必需的，通过梳理既可以观察和发现马的变化，又可以增进人与马之间的情感，使人与马和谐相处。清除皮肤的皮垢和灰尘可采取刷拭的方法，保持马体清洁，既可防止生虱生癣，又可促进血液循环，增进皮肤呼吸代谢，保持发汗排泄机能通畅。人们常说："三刷两扫，好比一饱。"马匹每天使役和运动前后都应做简单刷拭，种公马每天要进行 1～2 次，每次时间最好能持续 20～40 分钟。在夏季无风气温又高的时候，有条件的也可以洗浴（尽量避开耳朵和脸部）。

梳理、刷拭、修剪用具主要有体刷、水刷、汗水刮、梳子、海绵和剪刀等。一般要按照先左后右，从前到后，从上到下的顺序进行刷拭梳理。与此同时，在日常为其皮肤、马蹄的护理过程中，要逐渐掌握接近马匹、徒手举肢和戴笼头等基本技能。

（3）蹄的护理 俗话说，无蹄则无马。蹄是马匹运动器官的重要组成部分，是四肢负重的基础，马蹄是否健康会直接影响到马运动能力的强弱以及各种任务能否顺利完成。如若缺少定期护理，马蹄会过度生长（如过度生长的指甲），被泥土、粪便、垃圾所包埋，后果严重时会使马饱受折磨，甚至无法行走，由此可见蹄对马的重要性。

首先，马蹄要保持清洁，厩舍要保持适宜的湿度，厩床要平坦并且干燥。过于潮湿的马厩容易使蹄质松软，日久形成广蹄；过于干燥易发生蹄裂和高蹄。

其次，要正确抠蹄、修蹄。马蹄角质部每月生长 8~10 毫米，青、幼年驹生长得更快。通常，役马的马蹄要在 1~1.5 个月修削 1 次，幼驹的马蹄要每月进行修削 1 次。削蹄时要注意蹄形，蹄壁与地面有一定的角度（前蹄 45°~50°，后蹄 50°~55°），保持蹄轴一致，肢势正确。

最后，对于使役、骑乘等用马，最好能钉蹄铁。蹄铁是按照马蹄部的结构、生理机能制造的。根据用途不同，可以分为普通蹄铁、防滑蹄铁和变形蹄铁等。一般 1.5~2 个月钉掌 1 次。修蹄和钉蹄要求经过职业技术培训，具有一定的熟练技能和熟练程度。保护好马蹄，不仅可以使马匹的工作性能提高，还能延长马的使用年限。因此如果幼驹的蹄发育不良，会使蹄形和肢势出现缺陷。

当然，除马蹄，也要注意保护马体、腿及飞节。主要用具有马衣（马被）、护腿、护膝、飞节套、绷带和弹性圈等。国内马的适应性能比较强，耐寒且抗热，因此一般情况下不需要特殊的保护。对此，引进的良种马、比赛用马等价值较高的马要予以足够的关照。

（4）适量运动 马的日常管理中一个重要的内容便是运动，运

动对促进马的消化、新陈代谢和保持马的健康有着重要作用。

可增强种公马体质，提高精液质量；可锻炼幼驹心、肺及肌肉的机能。因此，即使处于休闲状态的马也要进行适当的运动。对于幼驹，不宜拴系过早，要让它在场内自由地活动，才能促进其良好发育；不使役的繁殖母马，每天应运动 4 小时；种公马每天应运动 1~2 小时。具体运动方法和时间，要视马匹年龄、性别、品种、饲养用途而有所不同。可以采用自由活动、骑乘、轻驾车、挽曳等方式，一般让它们轻微出汗即可。

(5) 减缓大肠蠕动 让马禁食 18~24 小时以后降低大肠蠕动是不可取的。即使马做了大肠切除手术或者母马直肠阴道再造术，也不应该禁食，这是因为低蛋白血症可以加重腹泻。对于矮马，在其做完肠切手术后，如果禁食 12 小时以上可能会引发高血脂，因此要多次少量地饲喂一些含粗蛋白 12%~14%，以油脂作为能量来源和足够磷的易吸收饲料，在术后 25~30 天，像干草这些粗纤维饲草，应该每天限制在体重的 0.75%~1.0%，每天分 3~4 次饲喂。

在其术后 7~10 天，建议对它进行多次少量的饲喂，以减少小肠的张力，避免对肠的负担过重，禁食可能引起厌氧菌的过度繁殖，导致败血症。

二、驴、骡的优良品种和饲养管理

(一) 驴的品种

1. 关中驴 关中驴主要产自陕西省关中平原的渭河流域各县，其中以咸阳、平关、武功、乾县、礼泉等地为中心产区。这种驴体格高大，体质健壮，体高在 1.30 米以上，体重 250~290 千克。其蹄小而坚实，抗病力强，遗传性能良好，持久力强。其毛色以黑色为主，但眼圈、鼻、嘴及下腹呈现白色或灰白色，因此有"粉鼻、亮眼、白肚皮"一说，此乃关中驴的重要特征。关中驴是我国优秀驴品种中的主要代表，也是世界良驴之一。它们既可负担农业生产和生活中的各种劳役，又可纯繁或作为良种杂交改良各地土种驴，是作为肉驴育肥的首选品种。

2. 德州驴　产于山东的德州和惠民地区的德州驴是我国大型的优良品种之一。德州驴具有美观的体形，高大壮实，体近方形，公驴平均体高136厘米，母驴体高在130厘米左右。有的驴也有粉鼻、粉眼、白肚皮的特征，有的驴全身黑色，叫乌头驴。德州驴结构匀称，头颈高举，颈粗，背腰平且宽，其肌肉极为丰满，四肢端正而结实。

3. 佳米驴　产于陕西榆林地区的佳县、米脂县和绥德县等地的佳米驴，又叫绥米驴。这一品种是在气候条件比较恶劣的环境下培育出来的一个良种。其体形中等，适应性强，除体形略比关中驴小，其外形和关中驴很相似。体高1.24~1.27米，体重250千克左右，毛色以粉黑色为主。佳米驴具有耐粗饲、耐劳苦、持久力强、性情温顺以及行动敏捷的特点，同时还可育肥或与关中驴杂交育肥。

4. 晋南驴　晋南驴主要产于山西晋南地区，其中心产区在运城、临汾等地。晋南驴的外貌清秀，体呈长方形，颈宽厚而高举，背腰平直，四肢细长，毛色以黑色带三白为主，也有的呈灰色。公驴体高133.4厘米，母驴130厘米左右。晋南驴幼驹生长发育快，1岁时体高可达成年体高的90%以上，其产肉的性能很好，屠宰率为52.7%，平均净肉率在40%左右。

5. 泌阳驴　主要产于河南省的泌阳驴，因中心产区在泌阳县而得名。泌阳驴的体形虽中等，但其体质结实，发育匀称。其外表也与关中驴相似，但较关中驴细致。体高 1.25 米左右，体重 220~250 千克，毛色以粉黑为主。据测定，泌阳驴最大挽力为 203.3 千克，驮重 100~150 千克，日可行 40 千米。三头驴便可拉一载重 1500 千克的胶轮大车，在此情况下还能日行 40~50 千米。适宜役肉兼用。

（二）驴和骡的饲养管理技术

饲养管理条件决定了驴（骡）的生长发育、健康状况和繁殖、役用、肉用性能的发挥。在驴（骡）的饲养管理工作中，关键在饲养。不少农户历来有用"花草、花料"喂养家畜的实践经验，但不少地方养驴也存在草料单一，有啥喂啥，营养水平低，甚至不喂食盐等问题，影响了驴（骡）的生长发育以及它们发挥生产性能的能力。因此饲养方面若能做到科学的管理，对经济和生产都十分有利。

1. 按照营养需要配合日粮　现代科学养畜的重要技术措施之一便是能够按照家畜所需要的营养实行标准饲养。因此驴的饲养标准是合理养驴的重要依据。按饲养标准饲养，可以使驴发挥其较高的生产性能，减少饲料消耗。根据饲养标准，可以计算每年饲料的需要量，组织饲料生产和贮备。但是，由于饲养标准是在一定试验和生产条件下制定而成的，又针对某一特定的体重和生产量拟定数据指标，它不可能适应一切地区的驴。因此，饲养标准只有一定的参考价值。饲养者应因地制宜，灵活应用，不能生搬硬套，必须与观察饲养效果相结合，根据效果适当调整日粮。

2. 给饲方法　给饲又叫喂驴。指的是根据驴的生理以及消化特点，在饲喂驴的时候提供适合的饲料与充足的咀嚼、消化时间。

严禁暴饮暴食，应按照定时、定量、少喂勤添、分槽饲养的原则进行。

①肉驴的养殖按肉驴的用途和个体分槽定位。肉驴进食时有的快有的慢，把公驴和母驴分开喂，个体大小相当的，根据个体的性情、种用或者育肥、繁殖进行定位。临产母驴的当年幼驴要用单槽。哺乳母驴的槽要宽一些，便于幼驴驹吃奶和休息。

②季节不同要确定每天的饲喂次数、时间和喂量。比如冬季寒冷夜长，可分别在早、午、晚、夜各喂1次，春夏季可以增加到5次。秋天天气比较凉爽，可以每天饲喂3次。饲喂的时间和喂量要每天相对固定，避免采食过量或采食量不足，造成消化道疾病。

③依槽细喂，少给勤添，每次喂时应先喂草，后喂加水拌料的草。每次给草料不要过多、少给勤喂，保证食槽内没有过多剩草也不会空槽。使用精料时也是由少到多，逐步减少草增加精料。

④喂肉驴时应该供应充足的水分。每天喂4次水，天热的时候可喂5~6次。饮水不要过急，以免发生呛肺和腹痛。水槽和水桶位置不要过高，饮水要保持清洁、新鲜。天冷时饮水需要加热，不要饮用太冷的水。

3. 日常管理工作 舍饲的驴或骡大半生的时间基本在圈舍中度过，因此，圈舍里的保暖、通风以及卫生状况，对其生长发育和健康影响很大，要做好圈舍及日常管理工作。

（1）圈舍管理 圈舍应建在背风向阳处。内部应宽畅、明亮，通风干燥，保持冬暖夏凉，槽高平整，经常打扫、垫圈，至少每天上午清理1次圈舍，清理粪便，加上干土，保持圈舍内部清洁和干燥。所有用具放置整齐。圈内空气新鲜，无异味。每次喂完后必须清扫饲槽，除去残留饲料，防止发酵变酸产生的不良气味有碍驴的食欲。冬季圈舍温度不能低于8~12℃，夏天的时候可以把驴或者骡子牵到户外的凉棚中饲喂和休息，不过不能放在风口处和屋檐下，防止驴（骡）生病。

（2）皮肤护理 刷拭能保持皮肤清洁，促进血液循环，增进皮肤机能，有利于消除疲劳，且能及时发现外伤进行治疗，有利于使人驴（骡）亲和，防止驴（骡）养成怪癖。用刷子或草把从驴（骡）的头开始，刷向躯干、四肢，对于四肢以及被粪便污染的部位可以多刷几遍，直到刷干净。

（3）护蹄、挂掌 驴（骡）蹄健全与否，直接影响其役用质量高低。平时注意护蹄是保持驴（骡）蹄正常机能的主要措施。长期不修蹄或护蹄不良易形成变形蹄或病蹄，影响驴（骡）体健康。应该从以下3个方面做好护蹄工作。

①平时护蹄。圈舍地面应平坦而干湿适度。过于潮湿和过于干燥都对驴（骡）蹄不利。要经常保持蹄部清洁。注意清理蹄底、蹄叉，同时应检查蹄部有无偏磨和损伤。

②削蹄。驴（骡）蹄子的外壳可以像人的指甲一样生长，每月差不多能长出1厘米，因此需要定时削去过长的角质。否则既易使蹄变形，又易引起局部断裂，导致蹄病和跛行。按照蹄角质正常的生长和磨损，一般是1.5~2个月削蹄1次，或结合装蹄铁进行修削。

③安装蹄铁。一些重役驴（骡）的蹄壳容易磨损，为了防止驴（骡）蹄子过多地磨损以及出现蹄形不正的情况，应对其进行装蹄铁即挂掌。装蹄铁的原则是：蹄铁的大小与蹄的大小相适应，不能削足适铁。钉好后要四面见掌。对于不正蹄形，提倡用特种蹄铁进行矫正。驴（骡）从1.5岁开始干活的时候挂掌，第一次挂掌对之后蹄子的正常发育非常重要，在挂掌的时候，需要削平，蹄铁要薄，蹄钉要细，蹄铁钉好后要四面见掌。铁尾要宽，以保护蹄踵

（蹄后面）和防止蹄踵狭窄。

种公驴进入配种期可以不用挂掌或者在挂掌的时候不需要突出蹄铁尾，防止在配种的时候伤害母驴以及工作人员。

（4）定期健康检查　每年应对驴骡至少进行 2 次健康检查和驱虫，及时发现疾病，及时治疗。

<h2>第三节　水貂的饲养管理　　　　　　　　　　〉〉〉</h2>

由于水貂具有季节性繁殖、季节性换毛的特点，因此可根据水貂不同时期的生理特点及饲养管理特点，将 1 年划分为几个不同的饲养时期。但必须指出，水貂各个饲养时期是相互联系的，后一个饲养时期均以前一个饲养时期为基础，不能截然分开。

一、准备配种期的饲养管理

1. 准备配种期的饲养　准备配种期从 9 月下旬（秋分）开始至翌年 2 月为止，历时 5 个月。因准备配种期时间很长，又可分为 3 个阶段：9～10 月为准备配种前期，11～12 月为准备配种中期，翌年 1～2 月为准备配种后期。准备配种期饲养的任务是：调整种貂体况，促进种貂生殖系统的正常发育。

准备配种前期的饲养，主要是增加营养，提高膘情。此时，日粮标准的代谢能应达到 1172～1340 千焦，其中动物性饲料要占

70%左右，而且要由两个以上的品种组成。日粮总量应达到 400 克左右，其中蛋白质含量不应低于 30 克。

准备配种中期的饲养，主要是维持营养，调整膘情，防止出现过肥和过瘦的两极体况，所以不应采取一个模式的饲养标准。但无论何时，动物性饲料的比重都必须达到 70%以上，蛋白质含量必须达到 30 克以上。

准备配种后期的饲养，主要是调整营养和平衡体况。因此，在日粮标准的掌握上虽然数量不需要增加，但质量需适当提高。此时，日粮标准应为 921～1047 千焦，其中动物性饲料占 75%左右，而且由鱼类、肉类、内脏和蛋类等组成。此外，还应注意维生素和微量元素的供给。

2. 对种貂进行体况鉴定和体况调整　水貂体质健康状况与繁殖力有密切关系，只有健康的体质、适宜的体况，才能保持其较高的繁殖力。因此，在准备配种后期，要尽力使全群种貂普遍达到中等体况，其中公貂适宜中等略偏上，母貂适宜中等略偏下。

（1）体况鉴定　体况鉴定有目测法、称重法和指数测算法 3 种方法。其中，比较简便实用的方法是目测法，具体做法是：逗引水貂立起观察，中等体况的，腹部平展或略显有沟，躯体前后匀称、运动灵活、自然、食欲正常；过瘦的，后腹部明显凹陷，躯体纤细，脊背隆起，肋骨明显，多做跳跃式运动，采食过猛；过肥的，后腹部凸圆，甚至脂肪堆积下垂，行动笨拙，反应迟钝，食欲不旺。应每周用此法鉴定 1 次。

（2）体况调整　体况鉴定后，应对过肥、过瘦者分别做出标记，并分别采取减肥与增肥措施，以调整其达到中等体况。

减肥办法：主要是设法使种貂加强运动，消耗脂肪。同时，减少日粮中的脂肪含量，适当减少饲料量。对明显过肥者，可每周断食 1~2 次。

增肥办法：主要是增加日粮中的优质动物性饲料比例和总饲料量，同时给足垫草，加强保温，减少能量消耗。

3. 做好发情检查 水貂产崽率的高低与配种时间有很大关系，而能否做到适时配种，又在很大程度上取决于能否准确掌握水貂发情的周期变化规律。因此，发情检查就成为一项十分必要的工作。

白水貂

从 1 月起，趁貂群活跃的时候，每 5 天或 1 周观察 1 次母貂外阴部变化，并逐个记录。如果在 2 月发现大批母貂无发情表现，则意味着饲养管理上存在某种缺陷，必须立即查明原因，加以改进。

4. 加强运动 运动能增强体质。经常运动的公貂，精液品质好，配种能力强；母貂则发情正常，配种顺利。因此，在每天喂食前，可用食物或工具隔笼逗引水貂，使其进行追随运动。

5. 加强异性刺激 从配种前 10 天开始，每天把发情好的母貂用串笼箱送入公貂笼内，或将其养在公貂邻舍，或手提母貂在笼外逗引，即通过视觉、听觉、嗅觉等相互刺激促进发情。但异性刺激不宜过早开始，以免过早降低公貂的食欲和体质。

6. 制订配种计划 根据系谱制订出配种计划，避免近亲交配，以充分发挥优良种公貂的种用性能。

7. 准备好配种工具 在配种前要准备好配种所用的工具，如棉手套、捕貂网、串笼、显微镜、载玻片、玻璃棒等，以确保配种工作的顺利进行。

二、配种期的饲养管理

1. **促进种公貂采食** 种公貂配种期由于性欲亢奋而食欲降低，在饲养上应加强饲料的加工和调制，增加饲料的适口性。尤其是种公貂由于交配所消耗的体力较大，容易造成急剧消瘦而影响交配能力，故从3月5~20日对配种公貂于每天晚饲中增补牛奶、肉、蛋、肝类饲料，并添加维生素A和维生素E，日粮平均饲喂量250克左右。

2. **保持种母貂的繁殖体况** 种母貂在配种期体力消耗不如公貂那么大。交配受孕后，在3月内由于胚泡处于滞育期，受精卵并不附植发育，营养消耗也不增加。因此，配种仍应保持其准备配种期后及配种前的体况，防止发生过肥或过瘦的现象，尤其是不能使母貂的体况偏肥，否则在妊娠期内不能为其增加营养。如果配种期的种母貂体况偏肥，则妊娠期必然形成过肥体况，这对提高繁殖力是很不利的。

配种期早饲一般在配种后1小时进行，晚饲在15小时后进行。

3. **保证充足和洁净的饮水** 除常规供水，配种的前后还要各增加1次饮水。

三、妊娠期的饲养管理

1. **妊娠期的饲养** 水貂妊娠期营养消耗很大，不仅要维持自身的基础代谢，而且还要为胎儿生长发育、产后泌乳和春季换毛贮备营养。因此，日粮必须做到营养全价，品质新鲜，成分稳定，适口性强。绝不能喂腐烂变质、酸败发霉的饲料，否则水貂会拒食或食后引起下痢、流产死胎或大量死亡等严重后果，绝不能喂给激素含量过高的动物性产品（如难产死亡的驴肉，带甲状腺的气管，经雌激素处理过的畜禽肉及下杂等），以免影响水貂正常繁殖，导致大批流产。此外，必须保证母貂有充足、清洁的饮水，每日热量标准可定为 921~1089 千焦，前半期要低些，后半期要高些。动物性饲料要达到 75%~80%，而且由多种优质饲料组成，谷物饲料可占 18%~20%，蔬菜可占 1%~2%。此外，还要每只每天加喂鱼肝油 1 克，酵母 5~7 克，维生素 E 5 毫克，维生素 C 20~30 毫克，骨粉 1 克，食盐 0.5 克，总饲料量前半期为 250 克左右，后半期达到 300 克左右，蛋白质含量达到 29~30 克。

2. 妊娠期的管理

（1）适当控制体况 妊娠期母貂体况过肥易造成胚胎被吸收、难产、产后缺奶、仔貂死亡率高等不良后果。故妊娠前半期（约 4 月 5 日以前），必须给予少而精的日粮，同时经常逗引母貂运动，将体况控制在中等偏下的水平，防止其过肥。

（2）适当增加光照 妊娠期已转入长日照周期，此时适当延长光照时间或增加光照强度，对其繁殖都是有利的，能够促进胚泡及早着床（即坐胎）发育，缩短妊娠期，提高产崽率。因此，在妊娠期要将母貂安放在朝阳一侧的笼舍内，使母貂接受太阳光的直接照射，增强光照。有条件的貂场，可于配种后开始，每天从日落时起增加人工光照 2.0 小时左右。

（3）注意观察母貂 主要观察母貂的食欲、行为、体况和粪便的变化，发现异常及时处理。

（4）保持环境安静 妊娠期要排除各种干扰因素，以防孕貂受到震惊刺激而发生流产。

（5）做好产前准备 在临产前 1 周要把母貂的窝箱打扫干净并

消毒，然后絮进柔软、干燥的垫草。

四、产崽哺乳期的饲养管理

1. **产崽哺乳期的饲养**　水貂产崽哺乳期的日粮营养水平要维持在妊娠期的水平，动物性饲料的种类也不要有太大的变动，应增加牛、羊乳和蛋等营养全价的蛋白质饲料，并适当增加脂肪的含量。此期母貂每天的日粮总量应达到 300 克以上，其蛋白质含量要达到 30~40 克，日粮中的鱼、肉、肝、蛋、乳等动物性饲料要达到 80%以上，谷物饲料可占 18%~20%，蔬菜可占 1%或不喂。此外，每只每天还应补喂鱼肝油 1.0~1.5 毫升，酵母 5~8 克，骨粉 1 克，食盐 0.7 克，维生素 C 20~30 毫克。常规饲养一般日喂 2 次，最好 3 次。

2. **产崽哺乳期的管理**　水貂产崽哺乳期要求有人昼夜值班，通过监听巡视及时发现母貂产崽，对落地、受冻、挨饿的仔貂和难产的母貂及时进行护理，要求值班人员每 2 小时巡查 1 次。在春寒地区，要注意小室中垫草是否充足，以确保室内的温度。在春暖地区，垫草不宜很多。

在水貂产崽哺乳期间，一定要保持环境安静，在场内和场附近不要有大的震动和奇特响声，以免母貂受惊后弃崽、咬崽甚至食崽。此外，还应搞好小室、食水具的卫生，避免发生传染病。

五、冬毛生长期的饲养管理

水貂冬毛生长期主要是 10~12 月这段时间。9 月以后幼貂已接近个体成熟，由生长体长转为以生长肌肉和沉积脂肪为主的育肥阶段。同时随着秋分以后日照时间变短，而转为冬毛生长和成熟的短日照效应。

水貂养在阴暗的环境里，秋分以后将皮貂移入双层笼舍的上层和北侧笼舍中饲养，较阴暗的环境有利于提高毛皮质量，尤其是提高黑色水貂的光泽度。提倡皮貂无小室饲养，不提倡一笼双养和多养（注意水貂生长冬毛短日照效应，故在冬毛生长期内不准增加任何形式的人工照明）。

搞好环境卫生，及时活体梳毛搞好卫生，及时清理剩食和粪便，喂食时注意不要使饲料沾污皮貂毛绒，以防毛绒缠结。及时维修笼网有锐利刺物以防刮伤皮肤或毛绒。小室的出入口最好有金属环片包裹，无包裹的遇有小室口被咬坏时，应将破处挫平，以免损伤貂的毛针。

秋分以后应向小室中添加垫草，以起到梳毛的作用。发现皮貂身上有毛绒缠结时，应尽早进行活体梳毛，以防毛皮质量降低。

检查冬毛生长和成熟进度，改进对皮貂的饲养管理。

冬毛期水貂饲料要保证含硫氨基酸的供给，维生素和微量元素要丰富。

六、幼貂育成期的饲养管理

1. **育成期的饲养** 仔貂从 40~45 日龄离乳分窝到 9 月末为育成前期，此期幼貂新陈代谢极为旺盛，对各种营养物质要求极为迫切，而且仔貂所需的营养物质完全通过采食饲料而获得。因此，此期必须提供足够的营养物质来满足其生长发育的需要，其日粮中动物性饲料应占 75% 左右（由鱼类、畜禽内脏和副产品、鱼粉以及颗粒饲料等组成），谷物性饲料可占 20%~25%，还应加喂维生素和微量元素添加剂，以及饲用土霉素等。饲料总量应由 200 克逐渐增加到 350 克，蛋白质含量应达到 25 克以上，并及时供给充足的饮水。

水貂

9 月末至取皮为育成后期，幼貂应分种、皮兽群，分群饲养。

2. **育成期的管理**

（1）离乳分群 仔貂出生后 40~45 天应及时离乳分群，提前或延迟离乳对母貂或仔貂都无益。离乳前要做好一切准备工作，如笼舍的建造及检修、清扫、消毒等准备工作。离乳方法是一次将全窝仔貂离乳，同性别的 2 只或 3 只并于一个笼内，7~10 天后分成单笼饲养，同时对仔貂进行初选。

（2）搞好卫生防疫 育成期时值酷暑盛夏，要严防水貂因采食腐败变质的饲料而出现各种疾病。要严格把好饲料关，建立合理的饲喂制度。此时，一般每天饲喂 3 次，每次所饲喂的饲料，要在 1 小时内吃完，如吃不完应及早撤出食具。每天都要洗刷食具、水具，并定期对其进行消毒。幼貂离乳后 15~20 天，做好犬瘟热、病毒性肠炎等传染病的疫苗预防接种。这些是减少育成期发病死亡的有效措施。

七、水貂皮的初步加工

水貂皮的初步加工包括刮油、修剪、洗皮、上楦、干燥等步骤。

1. 刮油　即用刮油刀将皮板上的皮下脂肪和残肉等刮除。刮油前先将剥好的筒皮冷冻几分钟，待脂肪凝固后开始刮油（因脂肪凝固后刮油容易，且不易使油污染毛绒）。刮油时毛绒向里套在直径为 4.0~4.5 厘米的胶管或木棒上。要首先刮掉尾上和皮板后边缘的脂肪及结缔组织，然后将后肢与尾拉平用左手抓住，右手持刮油刀由臀部向头部方向逐渐向前推进刮油，直至耳根为止。在刮油时为了防止脂肪污染毛绒，应边刮边用麦麸或锯末搓洗手指和皮板；刮油时持刀要平稳，用力要均匀，以刮净脂肪、残肉和结缔组织为好。如果脂肪、残肉和结缔组织刮不净可用剪刀剪掉。

使用刮油刀的钝、快，随刮油技术熟练程度而定，初刮者宜用钝刀，熟练者可用快刀，以不损伤毛皮为标准。

母貂皮的腹部很薄，乳头周围更薄，刮到这些部位时要加倍小心，用刀要轻，也可用刀背刮，以防伤皮，刮公貂皮生殖器周围时也应注意这一点。

2. 修剪　刮油时，貂皮的边缘、尾部、四肢和头部不易刮净，可用剪刀将残留的肌肉和脂肪剪净。

3. 洗皮　水貂皮洗皮有手工洗皮和机械洗皮两种方法。其目的是去除皮板和毛绒上的油脂，皮板和毛绒应分别洗，洗完皮板后

再翻过来洗毛面。在此只介绍手工洗皮。

手工洗皮是将修剪好的皮张（皮板向外）放在洗皮盘中，用锯末充分搓洗皮板。将板面油脂搓净后，翻过皮筒放在另一盘中再洗毛面，洗至无油脂、出现光泽时为止。洗好后，用手抖净附在毛面上的锯末，若貂皮毛绒污染严重，可在锯末中加一些酒精或中性洗衣粉洗涤。伤口、缺肢和断尾等各种损伤都要缝合、修补好。

4. 上楦　为了使皮张保持一定的形状、面积和有利于干燥，要将洗好的筒皮分别公、母用楦板上楦。上楦的方法有 2 种：

一次上楦法：先将楦板前端用麻纸斜角形式缠住，把毛绒向外的貂皮套在楦板上。貂皮的鼻尖端要直立地顶在楦板尖端，两眼在同一平线上。手拉耳朵使头部尽量伸长，要将两前腿调正，并将两前腿翻入里侧，使露出的前腿口和全身毛面平齐。然后手拉臀部下沿向下轻拉，使皮板尽量伸展，将尾部加宽缩短摆正，固定两后腿使其自然下垂，拉宽平直靠紧后用铁丝网压平并用图钉固定。

二次上楦法：第一次上楦板时，使毛绒向里皮板向外套在楦板上，方法同前。待皮张干至六七成时，再翻皮板毛绒朝外形状，套到楦板上进行干燥。此方法使貂皮易于干燥而不易发生霉烂变质，但较费工。干燥程度掌握不准时常易出现折板现象。

5. 干燥　水貂皮干燥方法有烘干和风干两种，以风干法最简便，效率高，加工质量好。

（1）烘干法　将上好楦的皮张放在晾皮架上，室温最好维持恒定（18~25℃），湿度为 55% 左右。要设专人看管，在烘干过程中要不断倒换皮张方向和位置，以便尽快干燥。因公貂楦板吸收水分较多，24 小时后，毛皮中的大部分水分将会散发掉。所以，此时必须更换干燥的楦板和纸，然后放回晾皮架上进一步干燥。母貂皮应干燥 36~38 小时，而公貂皮更换楦板后还需再干燥 48~60 小时。

198

所以，公貂皮到最后下楦板总共需要大约3天的干燥期。

（2）风干法　将上好楦的貂皮插放在风干机的风嘴上，使风嘴管经貂嘴进入楦板和纸中间，以便于风自由穿过纸套并从楦板底部排出。风干室适宜温度为16~19℃，适宜湿度为55%。公貂皮干燥时所需风速为1219米/分，母貂皮为1158米/分。在上述条件下，公貂皮在3天内干燥，母貂皮在2天内干燥。干燥好的貂皮应感到轻柔，抖动时发出"噼啪"的响声。如有的皮张发软（特别是颈部），应将其重新上到干燥的楦板上再风干24小时。一般未风干好的皮张用手触摸会感到重、硬、僵挺。通常皮张僵挺的原因有以下几点：一是刮油不彻底（特别是颈部的周围）；二是皮张插在风干机风嘴上的方式不对、风嘴管内部被异物堵塞、不正确的上楦阻碍了风的流动、下楦板过早或者鼓风机皮带松脱等因素影响，致使皮张干燥太慢；三是干燥间湿度太大；四是健壮的老公貂皮肤较硬，3月末的种公貂皮也趋于僵挺，这可能是由于适时取皮期已过，不易刮净脂肪所致。

6. 下楦板　皮张干到九成左右即可下楦板。下楦板时，首先把各部位图钉去净，然后将鼻尖用夹子夹住，两手握住楦板后端抽出楦板。若鼻尖干燥过度，楦板抽不下来，可将鼻端沾水回潮后再进行下楦。也可用一个光滑的细竹棒沿楦板两侧的半槽处轻轻地来回移动，使皮板离开楦板。下楦时不能用力过猛，以防把鼻端扯裂。

7. 修整　为了保持皮张原有的光泽，干燥后的皮张需要再一次用麸皮或锯末搓洗掉灰尘和油污等，洗皮后抖掉夹在毛绒里的灰尘。最后对缠结毛、咬尾、白杂毛等进行必要的修剪。

8. 验质分级和包装

（1）验质分级　皮张整理好后应尽快验质分级。水貂皮验质应在室内灯光下进行，灯光以距验质案面70厘米为宜，案面上应铺蓝色布，有利于验质分级。验质应按国家规定标准进行。目前，水貂皮收购规格标准如下：

①技术要求。皮形完整，头、耳、须、尾、腿齐全，去掉前爪，抽出尾骨、腿骨，除净油脂，开后裆，毛朝外，圆筒形皮，按标准撑楦晾干。

②等级规格（标准色水貂皮）。一等皮要求毛色黑褐、光亮，背腹部毛绒平齐、柔和，板质良好，无伤残。二等皮要求毛色黑褐，毛绒略空疏或具有一等毛质、板质，但带下列伤残：其一，毛色淡，或次要部位略带复毛，或有不明的轻微伤残，或轻微塌脖、塌脊；其二，有咬伤、擦伤或疮疤，面积不超过 2 平方厘米；其三，轻微流针（掉针）、飞绒（掉绒毛）或有白毛峰集中一处，面积不超过 1 平方厘米。不符合等内要求的，或受焖脱毛、开片皮（皮张成片状，而不是筒状）、毛底绒，毛峰勾曲（针毛弯曲）较重者为等外皮。

③长度比差。公皮 77 厘米以上的为 130%，71～77 厘米为120%，65～71 厘米为 110%，59～65 厘米为 100%，59 厘米以下的为 90%。母皮 65～71 厘米为 130%，59～65 厘米为 120%，53～59厘米为 110%，47～53 厘米为 100%，47 厘米以下的为 90%。

④等级比差。水貂皮相应的价格，一等皮为 100%，二等皮为75%，等外皮为 50% 以下，并按质计价。

⑤公母比差。水貂皮在同一等级内，以公貂皮的价格为 100%计，母貂皮的价格则为 80%。

⑥颜色比差。标准水貂皮浅褐色为 96%，中褐色为 98%，褐色为 100%，深褐色为 102%，最深褐色为 104%，黑色为 106%，也就是说，标准水貂皮中褐色皮价格 100%，其他颜色貂皮按规定增加或降低其价格。彩色水貂皮暂时不实行分级。

此外，彩色水貂皮除颜色比差外也适用于此规格，但要求色正、鲜艳，不带老毛。颜色不纯者，按标准水貂皮规格收购，花色水貂皮，一律按等外处理（除规定的育种场外）。等内皮宽度必须符合统一楦板宽度。

⑦具有下述情况者不算缺点：断尾不超过50%；腹部有垂直白绒，宽度不超过0.5厘米；后裆秃针，面积不超过5平方厘米。但出现下述情况者，应酌情定等：后裆开割不正、破洞、缺腿、缺鼻、撑拉过大、毛绒空疏、春季淘汰皮、非季节死亡皮、缠结毛等。

⑧量皮方法。从鼻尖至尾根。

（2）包装 验好的皮张应按公母貂皮的等级分别包装，背对背、腹对腹，每20张为一捆。捆扎处应垫纸并避开皮张有效部位（有效部位是指除颈以外的其他部位），捆好的皮张用木箱装好，严禁用麻袋包装。注意防潮、防热、防虫、防鼠等。

第四节 黄粉虫的实用养殖 〉〉〉

黄粉虫既可用于食用又可用于饲用，营养价值高，容易饲养，是昆虫资源产业化发展的热点对象。

饲用价值：黄粉虫传统的应用主要是用于特种养殖。作为鲜活饲料用于饲养蛤蚧、蝎子、金钱龟、观赏鱼类、鸟类、蛙类等一些经济价值较高的特种经济动物。也可作为一般畜禽的饲料添加剂使用，从而可以提高产品的产量以及质量。

食用价值：黄粉虫富含蛋白质、维生素、矿物质等营养成分，蛋白质的含量大大高于鸡蛋、牛肉、羊肉等常规动物性食品，且有易于消化吸收的特点，是优良的蛋白食品。黄粉虫口感好，具有独特风味，容易被消费者接受，可进行煎炸、烘烤、精制成蛋白粉和酒精饮品、加工成含有果仁味道的蛋白饮品等各种形式的食品。

保健价值：黄粉虫不仅蛋白质含量丰富，且所含氨基酸的种类齐全，组成合理；黄粉虫还含有丰富的不饱和脂肪酸，其中亚油酸的含量高达 24.1%；黄粉虫的矿质元素含量也很丰富，除了钙、镁、钾、磷的含量比一般性的动物食品高以外，一些微量元素如铁、锌、铜、硒等也远远高于一般动物食品，特别是通过黄粉虫的生物富积作用使锌、硒等元素的含量大大增加，从而使黄粉虫具有更高的保健价值。

（一）黄粉虫饲养技术

传统的黄粉虫的饲养模式主要是少数专业养殖户中的混养，品种较杂、规模不大、产量较低而且应用范围狭窄，非标准化生产，而且并非以黄粉虫为主产目标，仅以供应养蝎、养鸟等之外的富余量供应社会，因而经济效益较低或根本没有考虑黄粉虫生产自身的效益。存在的主要问题包括各地的气候条件、饲料条件、饲养规模、饲养管理方法等方面的较大差异，黄粉虫明显表现出不同品系的分化及退化，个体小、产量低，畸形、死亡率高，产卵量小，成虫寿命短。

在黄粉虫的传统饲养模式中，不需要选择饲养品种，只是随机地将杂乱品种作为饲养对象；所用饲料以麸皮或粮食为主，兼饲菜叶、蔬菜残体与果品等，没有进行最佳饲料配方的筛选；饲养器具不规范，规格不统一，仅要求容器内壁光滑，以防虫体外逃；以自

202

然生长为主，没有考虑最适宜的环境条件的控制和供给，繁育系数非常低；防疫措施不够合格，基本完全依赖于自生自灭的规律；传统饲养模式以混养为主，即将黄粉虫放入盛有麸皮或粮食的容器中，使其在容器内自然交配、产卵、孵化、化蛹和生长，没有将优良品种、最佳饲料、适应器具、最合适的环境条件以及防疫措施进行有机地结合，成为一套规模化的生产流程。在需要的时候，随时从中取出所需虫态与数量。在混养模式中，各虫态之间的相互残杀可以达到60%的高死亡率，而且饲料与粪便长期混合也会造成污染，造成平均产量和总产量的不稳定或大幅度降低。通过长期饲养的经验以及技术的更新，普遍流行的分离饲养法较为成功，即把幼虫、蛹、成虫和卵分箱、分盒饲养，以防止虫体之间自相残伤，造成不必要的损失。

为了满足社会需求的日益增长，对黄粉虫必须进行工厂化规模生产。

(二) 黄粉虫的生产管理

1. 饲养的种群密度 黄粉虫是一种群居性昆虫，如果种群的密度太小，会直接影响到虫体的活动和取食，不能确保平均产量与总产量；密度过大则互相摩擦生热，使局部温度升高，且自相残杀的概率提高，增加死亡率。所以，幼虫饲养种群密度一般保持在每标准饲养盘1~2千克（7000~15000只）。随着黄粉虫的生长发育，幼虫越大，其相对密度应该越小，当室温较高、湿度较大时，其密度也应小一些。在实际生产中，采用逐级不断分盒的措施，达到根据不同虫龄保持相应的适合密度的目的。繁殖用成虫饲养密度一般保持在每标准饲养盘4000~6000只。

2. 幼虫的饲养 在饲养幼虫前，需要先在饲养箱、盆中放进经纱网筛选过的麸皮以及其他饲料，再放入黄粉虫，幼虫密度以布满成器为宜。最后在上面放入菜叶，让虫子生活在麸皮、菜叶之间，任其自由采食。每隔 1 周左右，换上新饲料。当幼虫长到 20 毫米时便可饲喂动物。一般幼虫长度达到 30 毫米时，颜色会从黄褐色变淡。而且食量会减少，这段时间属于老熟幼虫的后期，会很快进入化蛹阶段。初蛹呈银白色，逐渐变成淡黄褐色。初蛹应及时拣出来集中管理，并调整好温度、湿度防止霉变。经 12～14 天便羽化成蛾。

3. 蛾虫的饲养　用麸皮以及青菜饲喂容器中羽化出来的蛾虫，经过 2 周后，蛾虫的体色变为黑褐色时便进入产卵期，在产卵盒下垫的纸上，要撒一层薄薄的麸皮，卵从网孔落在下边的麸皮中。经 7～10 天便可孵化幼虫。

4. 注意事项　蚂蚁、蟑螂和老鼠等不仅会与黄粉虫争夺饲料，还会咬伤黄粉虫。因此，如果有蟑螂、蚂蚁，可以用"神奇药笔"在其出没的地方画线。饲养室内严禁堆放农药，也不要饲喂发霉变质的饲料。

5. 蛹的收集与羽化　工厂化规模生产黄粉虫要求从卵取放的时候开始，保持各虫态生长发育的一致性，蛹也是如此要求。幼虫生长到 12 龄以上开始化蛹，待老熟幼虫达 60%～80% 的蛹化率时，即需进行分蛹。初蛹呈银白色，逐渐变成淡黄褐色、深黄褐色。初蛹应及时从幼虫中拣出来集中管理，在化蛹期需要调节好温度和湿度，防止霉变，12～14 天以后，蛹便可以羽化成成虫。蛹期是黄粉虫的生命危险期，容易被幼虫或成虫咬伤。所以饲养盘中有幼虫化蛹时，应及时将蛹与幼虫分开。分离蛹的方法有手工挑拣与过筛选蛹两种方法。少量的蛹或挑选育种个体可以使用手工挑拣，蛹比较多时可以使用筛网筛出。在使用蛹体分离筛的时候，不可放太多蛹体在筛中，遵循少量多次分离的原则。在养殖过程中应不断改进养殖技术，保持自卵开始就使各虫态整齐一致，使化蛹时间集中，在同一时间，多数幼虫同时化蛹，减少虫体间的相互残杀。分蛹应该选在幼虫化蛹以前或者接近化蛹的时候。黄粉虫具有避光性，老熟幼虫在化蛹前 3~5 天行动缓慢，甚至不爬行，此时在饲养盘上方用灯光照射，小幼虫较活泼，会很快钻进虫粪或饲料中，表面则留下已化蛹的或快要化蛹的老熟幼虫，这时容易将其收集在一起。随着技术的熟练掌握，应不断地进行经验总结，摸索出提高效率的方法。

育种用蛹应该进行手工挑拣，挑拣个体大、色泽均一的蛹，每盘放置 6000~8000 只蛹。在标准盘中加覆一层新鲜饲料后将其置于羽化箱中，将羽化盘置于羽化箱中，7~10 日后取出培育成虫进行产卵。其间可以隔 2~3 天进行 1 次检查。用于食用的蛹最好保持同一批具有均匀的大小，不可将大小差别明显的蛹体放在一起，以免影响市场价格和销售。

第五节 龟、鳖的水产养殖 　　　　>>>

(一) 龟、鳖品种

1. 锦龟　锦龟又叫火神龟、火焰龟，属于龟科锦龟属。在国外主要分布在加拿大、美国、墨西哥。1998 年，国内引进大量稚龟及少量成体。背甲褐灰色，中央有 1 条淡黄色纵棱。腹甲淡黄色，

周围红色。头部较小，顶部绿色，嵌有淡黄色条纹。

锦龟的背甲有鲜艳色彩，腹甲为鲜红色，火焰龟由此得名。锦龟属于水栖龟类，主要生活在湖、河以及池塘中。杂食性，水草、昆虫、小鱼均食。人工饲养状态下，食瘦猪肉、小鱼、家禽内脏、蚯蚓、菜叶、香蕉等。每年6~7月为繁殖期，每次产卵2~22枚。卵长径为27.1~30.7毫米，短径为13.9~16.1毫米。卵重量为3.55~5克。孵化期为72~80天。

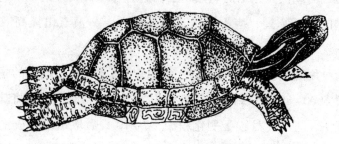

锦龟

2. 大头平胸龟（鹰嘴龟、大头龟） 头大，颈短，不能缩入壳内，喙曲成钩状，似鹰嘴，背甲长椭圆形，有爪，尾粗而长，有环状排列的长方形鳞片，股后及肛侧有锥状鳞。

主要生活在山溪和沼泽中，能够攀附在岩壁上，爬树觅食，并以螺、鱼以及蠕虫为食。在国内主要分布在云南、贵州、江苏、浙江、广东、广西、湖南、福建等；在国外主要分布在缅甸、泰国等。

3. 两爪鳖 两爪鳖又叫猪鼻龟，属于两爪鳖科，两爪鳖属。在国外主要分布在新几内亚、澳大利亚。1998年，北京和上海宠物市场上有售。该品种头部大小适中，鼻孔呈管状。背甲无盾片，中央有刺状嵴，背甲后缘呈锯齿状。腹甲白色，无盾片。前肢仅具两爪。

两爪鳖因其前、后肢只有两爪而得名。因其吻部状如猪鼻，又被称为猪鼻龟。两爪鳖属于水栖龟类，生活于溪、河、湖泊或沼泽地。由于两爪鳖的四肢似桨状并具丰富的蹼，它像海龟、鳖类一样能长期在深水中活动。两爪鳖杂食性，吃小鱼、水生昆虫及水生植物。每年 9~11 月是其繁殖的季节，每次产卵为 15~30 颗。卵长径40 毫米，短径 30 毫米。

两爪鳖

4. 海南闭壳龟　头部光滑无鳞，眼后有淡黄色条纹，喉部橘红，吻端突出于上颌之前，背甲较隆起，中央有一脊棱，四肢披大鳞片覆瓦状排列，前肢 5 爪，后肢 4 爪，半蹼，背面为浅黄色，具有棕褐色的粗条或者点状斑纹，甲缝隙为黄色。

生活于山区溪流，肉食性。仅分布于海南。

5. 佛罗里达鳖　又名珍珠鳖，类属鳖科，软鳖属。主要分布在美国，1999 年我国引进该品种。其背甲橄榄色或棕灰色，边缘淡黄色，背甲前缘或缘板有大型突出结，腹甲灰黑色，头部橄榄色，头侧具淡黄色细条纹。

佛罗里达鳖喜欢生活在含有泥沙的河、湖中，属于杂食动物，以螃蟹、小鱼或者水生植物为食。

6. 锯缘摄龟　头前部平滑，后部具有不规则的大鳞，吻端钝圆，上喙略钩曲，背甲后缘锯齿状，胸、腹盾间韧带组织不发达，腹甲前半略可活动，背腹甲不能完全闭合。背棕黄色，长有黑斑，腹部黄色边缘带有不规则的黑斑，四肢到尾部是棕灰色，四肢扁平，半蹼，尾短。

（二）龟的养殖技术

目前，龟的养殖方式很多，一般分为常温养龟和加温快速养龟两种养成方式。

1. 龟、鱼常温混养

（1）龟的放养　龟的放养主要是在开春后，当水温稳定到15℃以上后，每亩投放 3~5 龄龟 1500~2000 只；鱼放养：春节前进行，600 尾/亩，其中鲢鱼 300 尾（50~100 克），鳙鱼 80 尾（50~100 克），草鱼 120 尾（100~250 克），鲤鱼 20 尾（50 克），团头鲂 80 尾；每亩净产龟量为 100~150 千克，鲜鱼 250~300 千克。

（2）饲养管理

①先鱼后龟，龟的饵料成分比例动物性饵料：植物性饵料 =（4：6）~（5：5）。

②调节水质、控制水位，为龟、鱼的生长提供良好的生态环境。

③坚持巡塘，搞好"三防"工作。

④鱼可进行轮捕轮放，对龟的影响不大。

2. 稻田常温养龟

（1）选择稻田　稻田应选择排灌便利，水源充足，地势低，方便看护的地方。

（2）养龟池设施

①四周修防逃墙，进、排水口防逃。

②开挖龟沟。龟沟是喂料或龟冬眠的场所，可由田边的条沟代替。一般养龟稻田设计沟宽为 3 米，底部宽是 2 米，沟的深度是 1.0~1.5 米；沟的大小和稻田有关，其面积和稻田的面积比一般是 2：8。

③沙滩。建田中央，南北向，长 5 米，顶宽 1 米，高出水面 0.8 米。

（3）放养　2 龄以上的龟 500~800 只/亩，另可套养鱼种；如果繁殖稚龟，每亩稻田可以放养约 60 只亲龟。

（4）管理　四定投饵；田内水深 15~20 厘米，保持水质清新，及时换水，搞好"三防"工作。

3. 集约化加温快速养龟　乌龟集约化养殖又被称为工厂化养殖，当外界环境温度低于龟的适宜生长温度时，一般在温室或塑料大棚利用温泉水、太阳能、工厂余热和锅炉加温等措施来控制室内温度。在龟的最佳生长适温范围内，以达到乌龟快速生长。作为养龟产业化的发展方向，采用集约化生产模式的优点包括产品质量稳定、生产效率高、产量大、可人为控制生产环节，满足市场需求。

在有余热温控条件的地方，生产过程能达到无公害生产要求，如水处理等，便可参照该生产方式进行龟的养殖。

（1）龟的放养　集约化养龟时，其放养密度应大于常温养龟放养密度的 1~2 倍。一般情况下，稚龟放养每平方米 100~150 只，幼龟放养每平方米 50~80 只，成龟放养 50 克以上每平方米 20~30 只。由于采用了高密度的放养，因此在放养前对龟的个体要进行严格分级，不能将大小龟混养在一起，防止生长个体有较大的差异，影响龟总体重量增加。同时，要做好入池前龟体消毒处理，用 10

毫克/升的高锰酸钾溶液浸洗 20 分钟后再放池。

（2）养殖管理　集约化养殖的管理，主要有以下四个方面：

①将温室的水温控制在 26～30℃，同时将温室内空气温度增加，保持高于水温 5℃，保持水温不致降低以及室内空间不形成雾气和水滴。

加温养殖的时间一般在气温 25℃ 以下时进行，当气温上升到 25℃ 以上即可停止加温，进入自然温度养殖阶段。

②以人工配合饲料为主，搭配一定的鲜活的动植物饲料，做到"四定"投喂，并根据其生长情况及时调整投喂量。如稚龟前期日投喂量为 8%左右，稍长大，日投喂量增至 12%；幼龟每天投饵量是 3%～5%；成龟每天投喂量约为 3.5%。一般每天分为 2 次进行投喂，上午 8 点投喂约 40%的日粮，下午 5 时投喂日粮的 60%。具体投喂量根据龟的摄食情况随时进行适当调整。

③及时清除残饵。每周全部更换水 1 次。养殖水体每周用 1～2 毫克/升的漂白粉全池消毒 1 次，每隔半个月泼洒生石灰 10～20 毫克/升，将水中 pH 调节到 7.5～8。地下水和温泉水入池前应充分曝气，以去除水中易挥发的有害气体物质。用气泵向养殖池水充气，增加水体溶氧和有利于分解水体有机物质。

可以获得光照的龟池如塑料棚等，可以在池中接种一些绿藻类的浮游生物或者光合细菌，用以降低水体的氮、磷含量，改良水质，保持水体透明度 25～35 厘米。

④病害防治。切实做到以预防为主，龟的出池入池要消毒，发现病龟及时隔离和治疗。加温池使用前的底泥沙床，在经过暴晒后，使用 5～10 毫克/升的漂白粉进行消毒处理。使用自然水源（湖水、塘水、河水）时，要经沉淀过滤去有害生物，并用 1.5 毫克/升的漂白粉消毒处理。

　　与龟池相关的工具也需要进行消毒。先将新鲜的动植物饲料清洗干净，然后排出饵料动物体内的污物，再以20毫克/升高锰酸钾溶液浸泡15~20分钟后再投喂，也可用5%的食盐溶液浸泡5~10分钟用淡水漂洗后再投喂。有条件时最好在放龟前全部注射免疫菌苗（抗细菌病）。使用以上措施可以减少龟疾病的发生，提高养殖的存活率以及经济效益。

　　4. 庭院塑棚加温养龟　房前屋后庭院面积在25~200米，都适合建家庭养龟塑棚温室。在大棚内建池的池壁用砖石砌墙，用水泥抹面，保证周围没有老鼠、蛇洞穴。池子最好是4个，方便分级饲养，亲龟池深1.5~1.8米，水深0.8~1.2米；成龟池深1.3~1.5米，水深0.7~1.0米；幼龟和稚龟池深0.7~0.8米，水深0.4~0.5米。注排水渠道可以修建暗渠，使用预制板或者其他硬质板材进行覆盖。在池埂上需要修建0.5~0.7米的防逃墙。墙顶设"T"形防逃檐，向池内出檐宽10~20厘米。

　　庭院养龟管理措施有：

　　①加温设备主要是小型常压水暖锅炉或者土炉灶，在龟池内部安装方便加温的循环管道，管道的材料必须耐腐蚀、易导热。再利用循环泵使温水在管道循环流动，水温保持在24~30℃。隆冬严寒季节，采用双层薄膜覆盖（两层膜间距为10厘米）或在单层覆盖的棚内挂吊一层薄膜幕帘用来保温。

　　如果采取了以上措施仍不能达到要求水温，则最好停止加温，让龟进入自然冬眠。切忌让龟尚可在外活动，又达不到摄食的温度。否则只是无谓消耗体能、又得不到补充，这类龟往往在开春以后容易生病或者死亡。

　　②放养密度，稚龟以40~50只/米^{2}为宜，2龄幼龟30~40只/米^2，3龄幼龟20~30只/米^2。并可套养规格为3厘米的夏花鲢、鳙

鱼种 10 尾，鲤 1~2 尾，以利用残饵，调节水质；还可以培育一部分大规格的鱼种。

③饲料投放，充分利用当地饲料来源投喂优质饲料，搭配部分配合饲料，配套饲养如蚯蚓、螺、蛙、贝类、小鱼、小虾、泥鳅、蛆以及黄粉虫。鲜湿饵料每天投喂量是龟重量的 10%~20%。鲜活饵料投喂前要预先消毒，消毒方法同前。

（三）鳖的养殖技术

1. 稚鳖常温培育　稚鳖指的是刚出壳 3~4 克到年底冬眠前 5~15 克培育的鳖。3 个月内的稚鳖最难养，体质嫩弱，易发病。

（1）培育方式　利用室内外的水泥池、土池、网箱（网目的大小为 0.5 厘米，占地 10 平方米，箱深约为 1.5 米，最底下铺 8~10 厘米浸洗过 3 天的稻草，草上水深约为 10 厘米，加盖）或者水族箱。

鳖苗

（2）放养　刚出壳 2.8~6 克，最小 1 克，50 只/米²。一个月后达 10 克左右，20~30 只/米²。采用 400 平方米的土池，每平方米放 6~15 只（注意：放前暂养 1~2 天待脐带脱落；前期和后期的稚鳖相差超过 10 克时，最好分开放养）。

（3）投饵种类　1 周以内：水蚤，蚯蚓，蛆，捣碎的鱼肉，肝脏等。

1 周后，拌喂配合饲料，比例慢慢加大。

1 个月以后，最好稳定在鲜肉：配饵 =（7∶3）~（6∶3）。

方法：水温在 25℃ 以下，1 次/天；水温在 25℃ 以上，2 次/天。

（4）日常管理 因为其养殖密度较高，水质易恶化，需勤换水，每次换水量为池水量的 1/3，并且换水时水温差不能超过 3℃；池、苗都需要消毒处理；另外，还需要使用药物进行疾病防治；夏季采用搭阴棚，移植水浮莲等（＜1/3 水面）防暑降温；注意筛选分养。

（5）稚鳖越冬 入冬前加强喂养。水温降至 14~15℃ 时，要将其集中转入室内越冬（泥沙 20 厘米厚，注 5~10 厘米水，每平方米投入 150~200 只，使水温保持在 2~10℃，室温超过 5℃）。室外越冬则应保持水深 1 米，架设塑料大棚或加水至 2~3 厘米深，盖稻草 30~40 厘米厚，待次年水温达 15℃，再清除稻草。

2. 幼鳖与成鳖的常温饲养

幼鳖指的是 50~100 克 2 龄的鳖，成鳖指的是 100~200 克 3 龄的鳖。其饲养管理基本相同，一并介绍。

（1）严格分级放养 密度为 50~100 克个体（2 龄）：10~15 只/米²；100~200 克个体：5~10 只/米²；200 克左右个体（3 龄）：3~5 只/米²；4~5 龄个体：1~3 只/米²。

幼鳖

（2）科学饲喂 定时饲喂：早春和晚秋，在上午 10 点，每天饲喂 1 次；夏季在上午 9~10 点和下午 5~6 点，2 次/天。定位饲喂：100~200 只/食台（1~2 平方米）。定质饲喂：夏季多投含蛋白质高的饲料；春秋则多投脂肪高、蛋白质高的饲料，如动物内脏。定量原则："两头轻，中间重"，够吃2~4小时。

（3）日常管理　透明度调节至20~40厘米，勤换水。随季节不同调整水位，春秋：0.5~0.8米；夏冬：1~1.2米；采用保温、降温措施帮助其安全越冬；冬眠期时需要破除冰层，稳定水位，但需避免惊扰其过冬；加强越冬前的培育；另外还要勤于记录。

3. 加速个体生长，提高群体产量　鳖为冷血变温动物，在温带、亚热带，生长期只有6~8个月，而冬眠期有4~6个月，达到商品规格时需要3~5年时间。要想获得较高经济效益，提高群体产量，应做到以下几点。

①创造条件，解除休眠，缩短养殖周期。

②缩短产卵到孵化所经历的时间，增加当年鳖的养殖生长时间，使其在冬眠前达10克以上。

③使用鱼鳖混养模式，增加效益。

4. 鳖的加温养殖　由于鳖最适摄食生长水温在30℃左右。25℃以上便能摄食生长，10~20℃便进入休眠期。根据这些特点，在有条件的地方可采用阳光、地热水、工厂余热水，或是采用各种方法人工燃烧加热，延长鳖的摄食生长期，或者让鳖处于适宜的温度中进行周年摄食生长，避开休眠期。其中塑料棚内的空气、池水水质标准、废水处理等均应符合无公害生产要求，同时需要根据不同的生产规模进行成本核算。

（1）"两头"保温　每年春秋两季，使用透光性好的塑料膜和塑料板等，覆盖在鳖池上或者建造简易温室，通过阳光照射使水温提高到25℃以上，延长摄食生长期，缩短养殖周期，当进入严寒，棚内温度自然下降，让鳖在严冬季节自然降温休眠，不进行人工加温。池塘管理投喂和一般的养鳖池塘一样。低温季节应该及时加盖草帘进行保暖保湿，防止池水封冻；晴天早晨将草帘卷起，让太阳加温。但应避免当冬季反常升温时，使池水温度高达10℃以上，使休眠潜土的鳖复苏爬出，但又不能摄食，如此反复将无谓消耗体能，有的甚至在降温时不能进行再次潜伏从而引发死亡，这种升温是有害的。此时需要揭开棚顶，保持水温低于10℃，帮助鳖安全越冬。

"两头"保温，简便易行，成本低，在长江流域可延长摄食生长约1个月。南方气温较高时甚至可利用这种方法达到全年摄食生长。

（2）塑料棚温室 使用塑料棚将加热和保温相结合，将鳖的养殖周期缩短。这种办法主要采取三段式养殖，当年孵出的稚鳖饲养到第二年底成为商品鳖。具体做法是第一阶段从孵出的稚鳖饲养到水温下降时开始进入棚内保温、加温，使水温达到30℃不再休眠，到第二年室外气温升高的时候体重差不多可达到150克；此时，再次利用光照进行升温养殖，进入第二阶段；当室外水温达到25℃以上时，就可以进行大小分养，移出一部分较大鳖到室外池进行第三阶段养殖。第一、第二阶段保温、加热时间的长短，应根据不同地区周年气温变化情况决定，南方可以缩短，北方需要延长。在长江流域，一般在9月进行保温，一直加热到第二年的5月底、6月初。移至室外池时可进行适度稀放或分散到鱼塘里放养，以便使鳖较快地达到上市规格。

保温、加热池一般选择土池，因为塑料膜具有透光性，因此，池中可以放养水生植物，净化水质，模拟出自然生态条件。

由于加温养殖，鳖摄食量大、排泄多，水质容易恶化，所以应特别注意水质消毒管理，防止水质恶化。平时重视防病工作、交换水体、废水处理等。

为了降低成本，加热可以采用各种土方法，如改装柴油桶、使用烟道式、烧热水加温等，燃料尽量利用农副废品，如稻壳、各种秸秆等。有工厂余热、地热则更好。

池塘事先清整消毒，投喂要少量多次。平时投喂方法、管理和常温养殖所述相同，为了保温、加热方便，建池位置、建池形状以及建池规格等都要求相互配套。

（3）集约式控温养鳖　这种养殖方法通常采用双层塑料薄膜或塑料板大棚、全封闭式砖石水泥结构温室。大棚或温室内为多层水泥池，通过加温，使水温常年控制在（30±3）℃，鳖在其中进行周年摄食生长，加温热源主要包括地热、锅炉加热以及工厂余热。目前，在我国大多采用当外界水温低于鳖的摄食生长温度时，将当年孵出的稚鳖移入温室加热养殖直至第二年。外界水温升高到一定程度时再将鳖移至室外池养成商品鳖。这一养殖方式最大的优点是养殖的周期短，资金周转快，单位面积的产量高。一般每平方米的产量是1.6~2.1千克，最高可以达到9千克。缺点包括能源消耗大，成本高，达到标准化生产的技术要求较高。